REDEFINE THE DRIVING FORCE OF DESIGN: THE DEVELOPMENTS OF INTERACTIVE DESIGN AND PRODUCT DESIGN

工业设计（产品设计）专业热点探索系列教材

# 重新定义设计的驱动力

## 交互设计与产品设计开发

王龙 编著

中国建筑工业出版社

**图书在版编目（CIP）数据**

重新定义设计的驱动力：交互设计与产品设计开发＝REDEFINE THE DRIVING FORCE OF DESIGN：THE DEVELOPMENTS OF INTERACTIVE DESIGN AND PRODUCT DESIGN / 王龙编著. — 北京：中国建筑工业出版社，2022.4

工业设计（产品设计）专业热点探索系列教材

ISBN 978-7-112-27258-7

Ⅰ. ①重… Ⅱ. ①王… Ⅲ. ①工业产品－产品设计－教材 Ⅳ. ①TB472

中国版本图书馆CIP数据核字（2022）第054891号

创新是产品设计开发的驱动力，创新性的产品设计强调设计者从顾客的角度来进行设计。它包括新颖性设计、功能性设计和艺术性设计，它们都是开始于分析顾客的需求，结束于满足顾客的视觉效果。本书从产品设计的价值象限、突破性与创新，以及交互设计的原型设计等创新性研究，重新定义了设计的驱动力。本书适用于艺术设计类专业师生，尤其适用于工业设计、产品设计在校师生及相关从业人员。

责任编辑：吴 绫 唐 旭
文字编辑：吴人杰
版式设计：锋尚设计
责任校对：王 烨

工业设计（产品设计）专业热点探索系列教材
**重新定义设计的驱动力 交互设计与产品设计开发**
REDEFINE THE DRIVING FORCE OF DESIGN：THE DEVELOPMENTS OF INTERACTIVE DESIGN AND PRODUCT DESIGN
王龙 编著
*
中国建筑工业出版社出版、发行（北京海淀三里河路9号）
各地新华书店、建筑书店经销
北京锋尚制版有限公司制版
河北鹏润印刷有限公司印刷
*
开本：880毫米×1230毫米 1/16 印张：7 字数：146千字
2022年4月第一版 2022年4月第一次印刷
定价：**38.00**元
ISBN 978-7-112-27258-7
（37876）

工业设计（产品设计）专业热点探索系列教材

# 编　委　会

# 总 序

为适应《普通高等学校本科专业目录（2020年）》中对第8个学科门类工学下设的机械类工业设计（080205）以及第13个学科门类艺术学下设的设计学类产品设计（130504）在跨学科、跨领域方面复合型人才的培养需求，亦是应中国建筑工业出版社对相关专业领域教育教学新思想的创建之路要求，由本人携手包括天津理工大学、台湾华梵大学、湖南大学、长沙理工大学、天津美术学院5所高校在工业设计、产品设计专业领域有丰富教学实践经验的教师共同组成这套系列教材的编委会。编撰者将多年教学及科研成果精华融会贯通于新时代、新技术、新理念感召下的新设计理论体系建设中，并集合海峡两岸的设计文化思想和教育教学理念，将碰撞的火花作为此次系列教材编撰的“引线”，力求完成一套内容精良，兼具理论前沿性与实践应用性的设计专业优秀教材。

本教材内容包括“关怀设计；创意思考与构想；新态势设计创意方法与实现；意义导向的产品设计；交互设计与产品设计开发；智能家居产品设计；设计的解构与塑造；体验设计与产品设计；生活用品的无意识设计；产品可持续设计。”其关注国内外设计前沿理论，选题从基础实践性到设计实战性，再到前沿发展性，便于受众群体系统地学习和掌握专业相关知识。本教材适用于我国综合性大学设计专业院校中的工业设计、产品设计专业的本科生及研究生作为教材或教学参考书，也可作为从事设计工作专业人员的辅助参考资料。

因地区分布的广泛及由多名综合类、专业类高校的教师联合撰稿，故本教材具有教育选题广泛，内容阐述视角多元化的特色优势。避免了单一地区、单一院校构建的编委会偶存的研究范畴存在的片面局限的问题。集思广益又兼容并蓄，共构“系列”优势：

海峡两岸研究成果的融合，注重“国学思想”与“教育本真”的有效结合，突出创新。

本教材由台湾华梵大学、湖南大学、天津理工大学等高校多位教授和专业教师共同编写，兼容了海峡两岸的设计文化思想和教育教学理念。作为一套精专于“方法的系统性”与“思维的逻辑性”“视野的前瞻性”的工业设计、产品设计专业丛书，本教材将台湾华梵大学设计教育理念的“觉之教育”融入内陆地区教育体系中，将对思维、方法的引导训练与设计艺术本质上对“美与善”的追求融会和贯通。使阅读和学习教材的受众人群能够在提升自我设计能力的同时，将改变人们的生活，引导人们追求健康、和谐的生活目标作为其能力积累中同等重要的一部分。使未来的设计者们能更好地发现生活之美，发自内心的热爱“设计、创造”。“觉之教育”为内陆教育的各个前沿性设计课题增添了更多创新方向，是本套教材最具特色部分之一。

教材选题契合学科特色，定位准确，注重实用性与学科发展前瞻性的有效融合。

选题概念从基础实践性的“创意思考与构想草图方法”“产品设计的解构与塑造方法”到基础理论性的“产品可持续设计”“体验时代的产品设计开发”，到命题实战性的“生活用品设计”“智能家居设计”，再到前沿发展性的“制造到创造的设计”“交互设计与用户体验”，等等。教材整体把握现代工业设计、产品设计专业的核心方向，针对主干课程及前沿趋势做出准确的定位，突出针对性和实用性并兼具学科特色。同时，本教材在紧扣“强专业性”的基础上，摆脱传统工业设计、产品设计的桎梏，走向跨领域、跨学科的教学实践。将“设计”学习本身的时代前沿性与跨学科融合性的优势体现出来。多角度、多思路的培养教育，传统文化概念与科技设计前沿相辅相成，塑造美的意识，也强调未来科技发展之路。

编撰思路强调旧题新思，系统融合的基础上突出特质，提升优势，注重思维的训练。

在把握核心大方向的基础上，每个课题都渗透主笔人在此专业领域内的前沿思维以及近期的教育研究成果，做到普适课题全新思路，作为热点探索的系列教材把重点侧重于对读者思维的引导与训练上，培养兼具人文素质与美学思考、高科技专业知识与社会责任感并重，并能够自我洞悉设计潮流趋势的新一代设计人才，为社会塑造能够丰富并深入人们生活的优秀产品。

以丰富实题实例带入理论解析，可读性、实用性、指导性优势明显，对研读者的自学过程具有启发性。

教材集合了各位撰稿人在设计大学科门类下，服务于工业设计及产品设计教育的代表性实题实例，凝聚了撰稿团队长期的教学成果和教学心得。不同的实题实例站位各自理论视角，从问题的产生、解决方式推演、论证、效果评估到最终确定解决方案，在系统的理论分析方面给予足够支撑，使教材的可读性、易读性大幅提高，也使其切实提升读者群体在特定方面“设计能力”的增强。本教材以培养创新思维、建立系统的设计方法体系为目标，通过多个跨学科、跨地域的设计选题，重点讲授创造方法，营造创造情境，引导读者群体进入创造角色，激发创造激情，增长创造能力，使读者群体可以循序渐进地理解、掌握设计原理和技能，在设计实践中融合相关学科知识，学会“设计”、懂得“设计”，成为社会需要的应用型设计人才。

本教材的内容是由编委会集体推敲而定，按照编写者各自特长分别撰写或合写而成。以编委委员们心血铸成之作的系列教材立足创新，极尽各位所能力求做到“前瞻、引导”，探索性思考中难免会有不足之处。我作为本套教材的组织人之一，对参加编写工作的各位老师的辛勤努力以及中国建筑工业出版社的鼎力支持表示真诚的感谢。为工业设计、产品设计专业的教学及人才培养作出努力是我们义不容辞的责任，系列教材的出版承载编委会员们，同时也是一线教育工作者们对教育工作的执着、热情与期盼，希望其可对莘莘学子求学路成功助力。

钟蕾

2021年1月

# 前 言

这是一个崭新的设计时代，经济和技术都在飞速发展，数字化产品不断涌入我们的视野，人们对于产品的需求也不再仅限于单一的功能方面。因此在今天，于产品设计而言，无疑提出了新的挑战，同时也赋予了时代发展的新机遇。面对用户多元化的需求，产品设计开发的驱动力需要被重新定义，产品设计与交互设计的关系变得密不可分。

有“交互设计之父”之称的Alan Cooper说：“交互设计的强大力量不容置疑，它能够让用户在工作、娱乐和交流之际获得难忘、有效、简单，以及有益的体验。”由此可见交互设计的重要性。在越来越注重用户体验的今天，将交互设计融入产品设计中，才有可能设计出更加人性化、用户更愿意使用的产品。

相对于传统的设计概念，交互设计被提出来的时间较短，尤其在国内仍处于萌芽探索阶段。从市场需求来看，交互设计已然成为设计中不可不提及的部分，越来越多互联网产品的诞生和迭代，通过交互设计创建优秀的用户体验，渐渐成为产品能从竞争中脱颖而出的重要方式。换句话来说，时代在发展，用户变得挑剔，一个产品只有具备了核心用户体验，满足了人们的某种需求或者解决了某个问题，才是这个产品存在的原因和价值。

信息时代的来临，传统的产品设计已经失去活力，交互设计所带来优秀的用户体验、顺畅的界面设计和贴心的交互感受，为设计带来驱动力。这也是本教材所倡导的核心设计思维，设计的新驱动力——产品设计与交互设计的有机融合。

面对新的设计发展趋势，行业内开始出现交互设计师的岗位，同时作为人才培养重要阵地的高校也逐步开设交互设计相关课程，目前处于积累经验和总结理论的阶段。本书从产品设计和交互设计两个方面出发，是对现今基础理论的总结，同时为我们转变传统的产品设计思维提供理论基础，在教学上提供顺应时代变化的产品设计方法。

本教材共分为两个部分，七个章节。第一部分是产品设计，包括第一章重新定义设计的底线和各种机遇下革命性产品的开发。第二章提出新设计时代应该关注产品的美学价值和用户情感体验。第三章讲述将品牌机制与产品设计关联起来。第二部分为交互设计，包括第四章在产品设计中引入交互设计的概念。第五章基于用户需求的交互设计。第六章提出交互设计中的原型模式。第七章为交互设计的创新性研究及发展趋势。同时，本教材配合大量的实际设计案例，让整本教材通俗易懂，但又不失深度，以及进一步研究的广度。

本书作为专业课程教材，顺应当下设计教育的发展，传统的产品设计思维模式已经不再适用，融合新的设计概念交互设计是高校设计教育的必经之路。希望当各位读者刚接触到产品设计与交互设计融合这一概念时，能够深入浅出，通过书籍的概念、观点和案例进行吸收，打好专业基础；也希望本书能够点燃读者对于学习产品设计和交互设计的热情，在设计产品时，兼备功能的同时，注重用户体验，将美学、情感等新的设计理念融入产品，设计出市场认可的、更受消费者热衷使用的产品。

本书由长沙理工大学王龙编写，参与编著的还有张超、李沛、杨玲等。在此感谢共同参与本教材编写的伙伴们，本教材有了大家共同的努力付出才得以完整地呈现到大家眼前，也感谢中国建筑工业出版社编辑们的认真工作和大力支持。希望读者们能够从中有所收获，在往后的设计学习和工作生涯中，在设计思维转变上有一个质的跨越，真正将产品设计与交互设计融会贯通，顺应新时代的设计需求。

王龙

2022年2月于长沙

# 目　录

# 第1章

# 产品设计开发的驱动力

创新设计指的不仅仅是设计结果的创新，而是以创新为目的全部设计活动，包括所采用的设计方法及相应的方法论。在艺术发展中，继承、借鉴和创新是紧紧连在一起的，没有继承、借鉴，便不会有创新。继承、借鉴是手段，创新是目的。人类的设计艺术史正是设计艺术潮流不断更迭、设计艺术风格不断创新的历史。基于传统文化精神内核的中国当代产品设计并不缺少内在驱动力，因为继承与创新的辩证统一关系，正是产品设计发展的基本规律。

设计艺术发展的自律性就是设计艺术自身的发展规律，它包括两个方面内容：从设计艺术的纵向发展来看，设计艺术发展的昨天、今天与明天之间存在必然的本质联系，这就是设计发展的继承与创新。从设计艺术的横向联系来看，不同民族设计艺术之间及民族设计艺术与世界设计艺术之间也存在必然的本质的稳定联系。这就是多民族设计艺术的借鉴，民族设计与世界设计的联系与融合。历史继承性是设计艺术发展的普遍规律，就是前代设计对后代设计的巨大影响以及后代设计对前代设计的积极成果的继承保留。它揭示了设计艺术发展历史之间的必然的本质的稳定联系。创新是设计艺术发展的必然趋势：创新是一切时代、一切民族设计艺术发展过程的必然规律。因此，创新是继承的目的，继承是革新的基础。

创新设计不仅是指狭义设计结果的创新，而是泛指以创新为目的的设计活动，以及所采用的设计方法及相应的方法论。使用科学的设计方法和系统的方法论，一定会促进创新过程。从时间概念上讲，创新是对历史上的难题有重大突破，或者是对未来的顾客需求有实质性的前瞻。所以，实现创新设计是满足和超越顾客需求，扩大市场的重要手段。产品设计的出发点是满足顾客的要求，创新设计更多关注顾客未来一段时间的要求。创新设计又区别于普通设计，它往往超越顾客要求的时间空间界限，令顾客的需求扩展，使顾客的需求在更高层次得到满足。产品设计，与艺术创作不同，其中创新设计，它的出发点往往超越顾客要求的时间空间界限，令顾客的需求扩展，使顾客的需求在更高层次得到满足。创新的过程是先了解现在，再预测未来。了解现在是因为所有的设计，所有的创新都有继承性，这是创新的前提。预测未来源于人（包括顾客和设计师）对未来有天生的好奇。基于现实的对未来的预测是困难的，但又是十分吸引人的，这是创新设计的目的和动力。

区别于一般的设计，创新性的产品设计强调设计者从顾客的角度来进行设计。它包括新颖性设计、功能性设计和艺术性设计，它们都是开始于分析顾客的需求，结束于满足顾客的视觉效果。随着数字技术的飞速发展，智能化设计成为现实，而虚拟现实技术实现了在设计初期就虚拟产生将来的产品，使得设计者和顾客在第一时间领略到设计的成果。

涉及设计对传统的继承，应该从两方面入手，即设计的现象和本质。现代设计，尤其是中国当代产品设计，不应该单纯地从表现形式上入手，应该由表及里，渗透到设计的内核。最为重要的是设计思想应该以中国的传统思想意识形态为起点，进而借鉴传统元素展开深入而具体的设计活动。

设计作为一种文化，首先要从思想意识层面切入。例如世界知名的汽车品牌中，凡是成功设计案例无不具有明显的民族差异化特征，找出之间的差异，才能获取自己的特色或是风格。法国车情调浪漫，德国车严谨理性，日本车经济细腻，美国车奢华大气，这些都有着本民族的性格特征在里面，也无不蕴含着深厚的民族精神。那么中国产品设计应该突出什么特点来体现中国元素呢？中国元素不仅仅是简单的中国文化堆积，而是自然生发于中国民族性之中的。不是单纯地把中国纹样等有中国特色的东西罗列到产品造型上，这样不但会弄巧成拙，显得不伦不类，还会破坏传统文化的形象和意义。所以，在产品设计中，中国元素应该体现在中庸和谐，大气周到上来。当然不仅仅体现在造型设计上，包括产品的构造和性能设计上。然而中国的产品设计虽然在设计中融入了中国元素，但难以形成“中国特色”。中国的特色就是展现中国的精神内核及文化传统，如：天人合一的宇宙观、物我一体的自然观、和谐有序的环境观，等等。把握好“中国特色”的同时就要准确地同功能结合起来，也就是我们每做出一个形态都是为它的功能服务的。达到这一点就是要把前面的两点有机结合起来，即色彩、形态和思想意识的系统完整的展现。

继承、借鉴和创新是促进设计发展的重要因素。设计的发展是有其内在的继承性的，这种继承性，反映着社会意识形态和人们审美观念的连续性。后一个时代的设计必然要在前一个时代的基础上得以发展。正如马克思所说：人们自己创造自己的历史。人们在直接碰到的、既定的、从过去继承下来的条件下创造。同样，设计也在以连续的历史轨迹发展着。设计的继承性是艺术发展的历史趋势。设计的历史继承性，首先表现为对本民族艺术遗产的吸取和接受，以及对其他民族和国家优秀文化和艺术成果的吸纳，尤其表现为对艺术的形式与技巧、内容题材、审美观念和创作方法等方面的继承。设计也是无国界的，其他民族和国家的优秀文化和艺术成果，既是民族的也是世界的。设计发展的过程就是一个不断推陈出新的过程。为了创新，就要坚持批判的原则，对过去的文化遗产去其糟粕，取其精华。在坚持批判的原则基础上，还要坚持在艺术内容、艺术形式、艺术语言、艺术表现手法等方面的创造，不断适应新时代人们对于设计审美和设计文化的需求。

## 1.1 重新定义设计的底线

浩瀚宇宙，万千生灵，一切自有其发展的生长点。人类的生长点在于理性和智慧。哲学家认为，有目的的实践活动体现了人类所具有的主体性和能动性的基本特征。“设计”作为人类有目的的一种实践活动，是人类改造自然的标志，也是人类自身进步和发展的标志。人类的成就闪烁着人类设计的光辉，也使得人类飘飘然而忘记了自己与自然的密切关系，忘记了在自然界中人类活动的可能范围和程度。在“非典”肆虐横行的日子里，一位科学家这样说：“人类是自然的入侵者，非典是人类基因的入侵者。”当我们自以为设计无所不能时，自然再次告诉我们，设计不能陷入无限制扩张的商业和消费的活动中，设计的行为底线就是设计伦理，是设计师自己面对自己的质疑。在某种意义上说，自我质疑是设计师的美德，是艺术的美德。

伦理是指我们根据一定的价值体系决策和行动的指导标准。设计师尤其希望将自己的工作建立在某种复杂的价值判断和意义判断的基础之上。基于价值和意义的基础，我们才能真正构建设计的伦理体系。

设计的本质意义和价值究竟是什么呢？现代社会对科学技术的追求达到了近乎疯狂的程度。有人认为，科学研究本身是价值中立的，只有应用才涉及伦理道德，而应用是无法控制的。但是，设计师知道，艺术和设计恰恰是对科学的一种“反作用”，是对科学的一种文化平衡。设计艺术的本质意义和价值正在于：设计解释科学，为科学寻找意义，将科学技术变为一般人可以理解和参与的东西。对设计作品只能从它所处的时代、科技水平和文化来理解。反过来，设计作品帮助我们理解它那个时代，那个时代人的愿望、态度和价值观念。我们不难想象，面对克隆技术、人体器官移植、互联网这些有巨大潜在力量的技术，艺术和文化需要多么大的努力才能使人类获得一种精神平衡，一种道德伦理的觉醒。今天我们可能战胜某一种病毒，但是自然生态的平衡几乎完全取决于人类的自我质疑，取决于我们的设计。社会伦理学的基本原则包括：不伤害原则、自主原则、平等原则，等等。而设计伦理是一个庞大的理论体系，它涉及设计活动不同角度和层面。在设计领域中，设计伦理与形式主义的冲突和矛盾是最值得我们关注的现象。例如现代主义从开始提出“形式服从功能”（Form Follows Function），到后来提出“少则多”（Less is More），反映出一整套现代主义的设计伦理和思想意识。但是设计伦理原则后来成为一种形式主义的东西，发展为形式上的减少主义特征。

在20世纪50年代后期，原来基于民主主义和社会主义动机提出的“形副其实”的设计原则，逐渐演变成以形式追求为中心，伦理性和目的性被取消了，甚至漠视原则，开始背叛现代主义设计的初衷，仅仅在形式上维持和夸大现代主义的某些特征，设计史学中称之为国际主义设计风格。可以说，民主主义提倡的现代设计是为了反对权贵和其装饰风格的，可以看作是一种设计的平等原则，这并不是否定简洁的设计形式和富有装饰的设计形式都独具审美个性，而是基于一种新的价值观而发展出来的设计伦理。第二次世界大战后，现代设计和国际主义设计成为主导性设计风格，使本来为平民百姓而发展起来的现代设计演变为资本主义跨国公司的符号和象征，形式主义和商业利润取代了设计伦理。进入21世纪后，“环境保护”或“环境保护主义”就是最具影响力的现代设计伦理。从设计史学的角度看，环境保护和绿色设计思想是对二战后消费主义设计进行反思的结果。环保主义的后现代设计，与其说是一种风格流派，不如说是一种态度，一种设计伦理。它表达了我们人类对环境和自然的敬畏之心，对未来“非物质第三种生活方式”的向往。设计伦理告诫我们的设计师在改变世界的时候要十分慎重，不能依一时之冲动或仅仅是良好的愿望行事，更不能欺骗自己和他人，设计必须依靠知识，通过研究和应用科学方法来保证设计是有利于人类、有利于世界、有利于环境的。无论我们对设计有着多么独特深刻的见解，“师法自然”才是未来设计的永恒哲学和最高伦理。

### 1.1.1 产品设计的突破

面对着我们再熟悉不过的日常产品，一些设计师就不甘于只在外形和功能上进行改进，而是重新想象和设计了它们。虽然有些离经叛道和标新立异，看上去也并不是那么实用，但先别着急否定批判，因为回想一下，很多在现代成为经典的设计都是那个时候颠覆传统的产物，所以不妨给它们留点发展的时间和空间，或许能成就出新一代的经典。

受爱因斯坦的时空概念，以及日本禅宗花园的启发，设计师设计了充满禅意和思考的“沙盘时钟”（图1-1）。

图1-1 沙盘时钟

黄铜表盘上撒满了沙子，没有秒针、没有分针，只有一根黄铜制作的时针。随着时间的推移，时针在沙盘上留下痕迹和涟漪，象征着时光的形状，以此提醒我们时间的存在。

虽然沙盘时钟和传统时钟都是以12小时为周期旋转一圈，一天旋转两圈，但其实它是24小时制时钟。从凌晨0点为起始，这时的沙盘一片平坦，时针扫过时会在沙盘时留下痕迹，直到中午12点，逐渐形成完整的波纹图案，这代表了上午时间；然后时针继续前行就会将波纹抹平，直至夜晚12点走完一圈，让沙盘回归到最初的平坦状态，代表下午时间，如此循环往复（图1-2）。

下雨收伞的时候其实有很多不方便之处，譬如推拉门的时候人进去伞没法合，再譬如坐车的时候，你总是

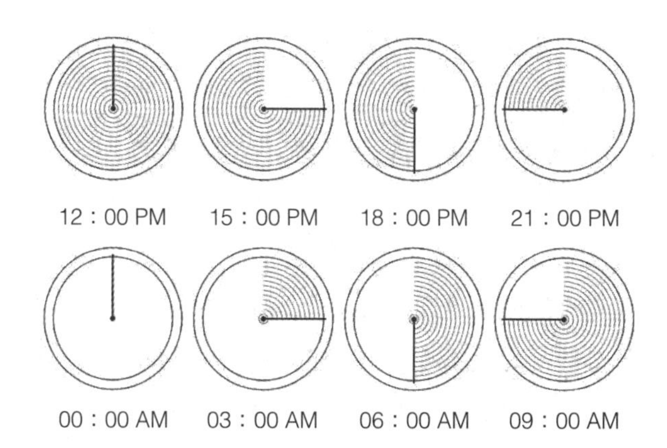


图1-2　沙盘时钟运转状态

要先将伞合好后才能进门或上车。雨若很大，你这个收伞的过程身上已湿。KAZbrella和之前的雨伞都不一样，它收合的方向是相反的。这样多少就会避免一些尴尬（图1-3、图1-4）。

每次从包里取出耳机要用的时候，总是要相当耐心地解开绳的纠缠，就算配备了缠绕器，也相当麻烦。ONE-THIRD采用了磁性设计，左右两只耳机与插头可以亲密地吸附在一起，解决了缠绕的混乱根源；剩下的线绳部分，发生纠缠的概率也大大降低。从包里拎出来的那一刻，再也不像猫咪抓过的线球（图1-5）！

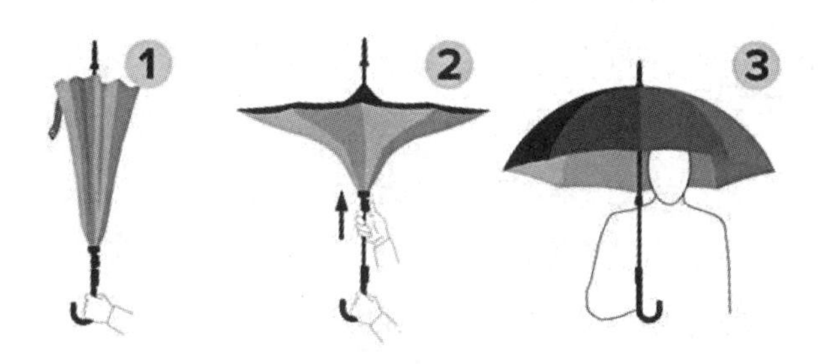


图1-3　KAZbrella雨伞使用步骤

图1-4　KAZbrella雨伞

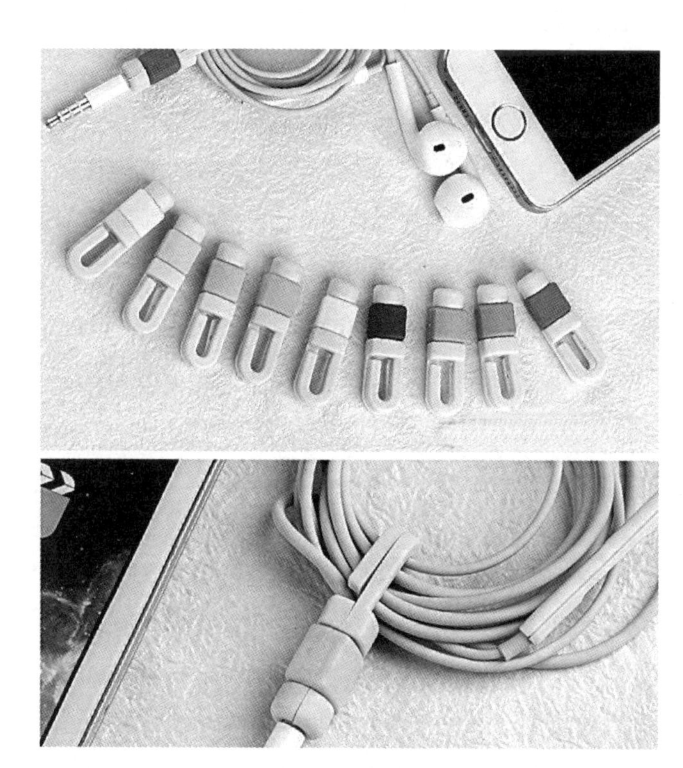

图1-5　ONE-THIRD

设计师 Emilia Lucht 及 Arne Sebrantke 带来了一盏相当独特的绿植灯，一款可以允许绿色植物在密闭空间内持续成长的灯具。

灯具内部的LED灯、与植物会形成一个自循环的迷你生态环境，你不需要给植物浇水，植物也不需要阳光直射（LED灯成为阳光的替代），但是却可以在多年都不打理的情况下持续生长（图1-6）。

图1-6　植物与灯

## 1.1.2　理解产品与服务的本质

产品与服务的关系，目前大体有三种基本观点：第一，产品是主体，服务是产品的附属部分，是产品的延伸；第二，服务自身是一种无形的产品，与有形的产品的关系不足。它与有形产品的区别在于：“服务不是作为物而有用，而是作为活动而有用”；第三，产品是服务的载体，服务是产品的本质。产品所体现的是一种服务关系，它只有被当作服务的形式时，才有意义。第一种观点仅仅把服务当作是与产品销售相关的辅助性活动，只看到服务在与产品相关时的表现形式。第二种观点实质是把服务等同于劳务。尽管较第一种观点，服务的地位与产品相并列，但却难以发现服务与产品之间的内在联系，也解释不了产品和服务有何共同的本质。

### 1.1.3 产品设计的协调与合作

生存需要与环境相互协调，这是一切生命在进化中领悟并且掌握的真谛。人类在创造文明之始，就已经从他的祖先那里继承了这种本能。有关协调思想的渊源，我们可以最早追溯到中国早期哲学学派道家“天人合一”的思想，就如老子在《道德经》第二十五章中写道：“故道大，天大，地大，人亦大。域中有四大，而人居其一焉。人法地，地法天，天法道，道法自然。”这种朴素而又深奥的思想体现了古人追求天、地、人和谐的最高境界。普里高津也认为中国的传统哲学强调的是“关系”，注意强调整体的协调与协作。春秋战国时期宴婴就说过这样的话：五味调和成美羹，五色协和成文采，五声相和成美乐，这种使“五味”“五色”“五声”美好起来的奥妙就在于“协调”。因此我们说“协调思想”是中国这个讲究中庸之道的国家独有的文化特征。产品设计首先是工业设计的核心。工业设计诞生的本意就是为协调工业社会中诸学科、诸行为、诸工程、诸工序之间的矛盾隔阂，强调他们之间的共生关系效应，从而缓解工业社会的诸多尖锐矛盾，这也是为什么工业设计是一个交叉学科的缘故。产品设计同时也是企业得以生存和发展的生命源泉之所在，一个不能进行产品自主开发的企业在今天激烈的市场竞争中是无法立足的。我们下面就简要分析一下顾客驱动型产品（User-Driven Products）设计的协调本质。

1. 产品内涵设计协调本质分析

企业产品设计中产品内涵设计主要指产品实用功能设计、产品认知功能设计和产品审美功能设计。一个成功的产品设计其实就是产品实用功能、产品认知功能和产品审美功能三者之间协调的平衡点。众所周知，斯堪的纳维亚国家的设计堪称世界设计的典范。其特点是将现代主义功能至上的思想与传统的人文主义精神相协调，既注重产品的使用功能，又注重产品设计中的人文主义元素，从而将产品设计中实用功能、认知功能和审美功能有机结合起来，形成一种富有人性、个性和人情味的现代美学。

2. 产品设计中利益协调本质分析

利益是产品的核心，是产品存在的条件。产品利益主要体现在以下三个方面：企业利益（或生产者利益）、顾客利益（或消费者利益）和环境利益。不能够给企业带来利益的产品，企业是不会生产的；不能给顾客带来利益的产品，顾客是不会买的；而忽视环境利益的产品则一定会招来大众的普遍反对，这是因为在当今的社会里，环境问题已经成为人类面临的三大问题之一，环境效益已经成为评价设计优劣的一项重要标准，所以对于成功的产品开发就是我们能够找到企业自身、消费者和环境三者之间利益的均衡点。毫无疑问，这也是一个协调的问题。最具代表性的反面例子就是20世纪60年代美国出现的以“有计划的商品废止制”为核心的商业设计，过于偏重于企业利益，直至今日人们依然耿耿于怀。

3. 产品设计实现过程协调本质分析

产品从概念到实体实现过程更能体现产品设计中的协调本质，产品开发设计的工作是一个团队的工作，就像康柏（Compaq）公司总裁罗德·卡宁所认为的那样，设计的成功源于企业文化，这种文化强调“协同工作”和“协同认识”。产品开发设计的成功需要多种人员，如造型设计师、技术工程师及相关的企业管理、市场销售等各种人员的合作。因此有着不同的工作知识、经验背景和观念想法的人在一起共事，他们之间相互有效的协调沟通不但是必不可少的，而且是至关重要的，或者说得更严重一点，它决定了产品开发设计的成功与否。从这一点说，这也许是关于产品设计中关于协调本质认识的最大收获（图1-7）。

图1-7　罗德·卡宁

## 1.2　识别产品设计的机遇

随着市场的开放，世界上诸多大型跨国公司纷纷进入中国，如日本就有7大家电制造企业在中国设有生产工厂，美国的惠尔浦、美泰克、GE，以及欧洲的西门子、菲利浦等等，都到中国来投资建厂。咄咄逼人的市场竞争已到了白热化的地步，直接威胁到中国企业的生存，可说面临的挑战让中国的企业没有喘息的机会。从目前的情况来看，中国的企业基本上完成了原始的资本积累，开始进入扩张发展的阶段。“入世”恰好给这些企业提供了进军国际市场的机遇。取得产品的生存权、“准生证”，改造原有的产品或创造新的产品成了中国企业的当务之急。“入世”把国内外的工业产品设计业放到同一起跑线上，使工业产品设计业的人员结构和存在形式发生了很大变化。以前，工业产品设计业人员结构都是清一色的中国人，其存在方式只有公司的大小之分，力量的悬殊之分，没有国别之分。“入世”后，国外设计师和国外的设计公司，都相继进入中国设计市场。像贝尔公司的设计人员队伍，不仅来自国内，其触角已伸展到大学高年级的学生。所以说国内工业产品设计业虽能得到较大的发展机会，如果不提升自己各方面的素质，不改变设计运作的模式，不去很好的把握良机，就会错失良机。

### 1.2.1　社会因素

政府对工业产品设计业的支持可以通过以下几个方面来实施和体现。

1）政策上的支持：特殊政策的扶植，必然会带来一个行业的兴旺。政府可以通过低税或免税的政策，减轻其从业人员在进入市场初期因经济窘迫，而放弃这种职业。也可用银行的低息贷款，帮助解决他们启动资金短缺。或设立专项资金，通过评估帮助有实力的人员和群体建立经济实体。还可以特殊的方式打造一批对外有影响力的设计企业。如发放许可证，有意识地培育设计企业的社会地位。

2）战略上的支持：通过一系列的活动来强化国民的工业产品术产业机构应加强学术研究，建立艺术活动的话语体系，营造新闻和学术亮点，方便媒体报道。继续举办“艺术媒体论坛”等定期和不定期研讨交流活动，加强媒体与艺术界、产业界的互动与合作。相信通过各方的共同努力，一个大众媒体与艺术产业激情互动、紧密合作的新局面将会很快来临。

### 1.2.2　经济因素

在经济活动中，企业的生存和发展是通过激烈的市场竞争，依循优胜劣汰的市场运行准则展开的。企业为了取得市场竞争的主动权，往往会采取抢占市场制高点，获得短期高额利润，占领市场份额的经营策略。这种策略，实际就是一种R&D博弈行为（产品开发或研究与开发博弈）。R&D博弈能带来高效益，其策略必然会潜入企业的经营管理中。

### 1.2.3 技术因素

今后工业产品设计业存在的方式，预测将有如下几种：

1）多数设计精英将会在大企业工作。

大企业拥有属于自己的科研、设计机构，要求自己的产品不断升级换代，以适应瞬息万变的市场需求。所以，大企业会以高待遇、好的实验条件去吸引设计人员。高素质的设计人员多数会愿意进入大企业。

2）中小企业将是工业产品设计人员从业的重要依托。

现在中小企业已超过800万家，占全国注册企业总数的99%，据资料显示在美国1000家大公司中，提供就业机会只占10.6%；中小企业提供的就业机会占65%左右。可见工业产品设计人员将来大部分是在为中小企业服务。

3）设计公司和事务所有强劲的发展前途。

目前由于中小企业规模小、经济实力单薄，难以建立自己的产品技术开发机构，拥有设计师队伍。所以，中小企业会以委托专业设计公司和事务所的方式进行产品开发。大企业也会找专业设计公司和事务所辅助开发产品。在今后很长的时期内，设计公司或事务所是从事产品设计的重要场所。

4）由于各种法规的建立和健全，个体自由设计师形式将会逐渐消失。自由设计师是中国特定时期的特定产物，主要集中在高校和产品开发、研究机构。他们以第二兼职的形式，为没有设计人员的企业从事产品开发设计。随着国家经济走向正规化、健康化的轨道，各种配套政策法规的建立和实施，设计师将难以个人直接与企业发生商业性运作行为。

## 1.3 革命性产品开发

随着科技和社会的发展，数字化的环境使设计对象发生了从物质向非物质的转变。设计大师马克·第亚尼曾讲过："经过工业时代的积累，设计将越来越追求一种无目的性、不可预料和无法准确测定的抒情价值。"产品设计作为实现这种良好互动的一种方式和手段，其"设计作用的根本早已不在于形态上的意义，而在于通过产品带给人的众多服务和体验的东西"。产品设计的这种改变，正是受到"以人为本"设计观念影响进而在设计中重视用户研究的大趋势下形成的，当设计的问题从理性和实用性转移到用户本身，比如他的经验和背景等问题密切相关的时候，体验设计就会被需要。在体验经济的时代下，引领潮流的消费者消费的领域不再是简简单单的商品，而是在消费产品时所附加的一种感觉，一种心情上、身体上、情感上的体验。而产品作为提供人们得到体验的媒介，这就要求产品设计跟随用户的需求迈向更高的层次，因此就提出了"用户体验设计"这一新兴的概念。

### 1.3.1 体验设计与产品设计

1．体验设计的概念

体验设计是一个新的理解消费者的方法，它摆脱了别的方法所形成的限制，它的基础是观察，观察在真实环境中使用产品的人。体验设计，不是把用户看作调查和测试的主体，而是作为有感情的人，用户从他们自己的角度被认识和理解。体验（Experience），以身“体”之，用心“验”之。生活中我们的衣、食、住、行及情感，处处都有形和无形地感受着各式各样的体验，它存在于生活中的每个细节。体验通常是由事件的观察者进行直接参与产生的，它如同一种触动人们内心深处的感受，无意识的引导行为活动，是经用户亲身接触使用后的体验和感受。随着消费群里的性质不同及产品的定位差距，所得到的体验效果也大相径庭，即使生活习惯、性格特征极其相似的两个消费个体，对同一款产品也不可能产生完全相同的体验结果。总之，我们可以对体验进行一个微观意义上但具有宏观理念的解释，体验是在特定的人、物、空间、时间和地点条件下的一种心境或是情感上的主观感觉或判断，它具有情境性、差异性、独特性、持续性和创新性等特征。

苹果公司工业设计团队的创始人对用户体验的定义阐述如下：“产品通过设计语言与用户进行交流，这包括很多因素从产品造型、色彩、材质、表面处理到各种细节。同时也包括产品有何功能，产品可以做什么，以及如何做到。它如何操作，它听起来怎么样，它的格调和品位如何，等等，这些都属于用户体验的内容。”

1）感觉需求

“第一感觉”对认识新鲜事物很重要，它指人的视、听、触、味、嗅五官感觉。感觉是对产品产生体验过程的第一步，当用户对一件新产品无任何认识、任何经验的情况下，产品外观的美丑对消费者能否引起购买欲望起着决定性的作用。外观精美、形态灵巧、触感舒适、品牌化的产品往往战胜造型平庸、质感粗糙的产品更能得到消费者的青睐。然而当消费者对某一类产品有一定使用经验和心理认可时，产品内在所提供给用户的体验会给其购买欲望起着更重要的影响。因此突出产品的感官特征，使其容易被感知、认识，创造良好的感觉需求是产品获得成功体验的第一步。

2）交互需求

上面说的感觉也是交互体验的一种表现形式。从用户角度来分析，可用性是满足交互需求的一个基本且极其重要的指标，是衡量产品是否有效、易学、高效、顺利的质量指标。在操作过程中提供用户的学习性、效率性、记忆性和满意度是可用性研究关注的用户需求，交互需求关注的是人与产品、人与系统在交互过程中是否顺畅、是否可以使用户简单地完成他们的任务。

3）情感需求

情感需求是消费者在购买产品或者使用产品时，获得基于物质满足的非物质层面的享受，是一种情感、心理上的满足和认同。从产品创新角度看，在以体验为主的信息时代，消费者注重的是产品功能、感官感受、易用性体验，产品在被操作过程中能够及时、有效、有趣味及互动性的反馈给用户信息。因此情感需求强调产品具有很强的设计感、情节感、趣味感、交互感。

4）社会需求

社会需求上升到了需求层次的高级阶段，它是指在满足基本需求之后人们追求的是一种社会的认可，一种品位的提升，一种身份的象征。

5）自我需求

自我需求占据了需求层次金字塔顶尖的位置，伴随财富的累积，越来越多的成功人士为实现自我需求追求自我实现、个性化定制。早期的电影《甲方乙方》到最新的《私人定制》，不同程度地反映了生活中追求个性化需求的适应设计，以满足用户在生活中更具多样化、独特性、新奇性的需求层面（图1-8）。

2. 产品体验设计的形成和发展

产品体验设计迅速形成和发展成为20世纪后期工业设计的重要分支，其得益于以下几方面的因素：

1）技术因素。基于信息、网络和传感等高科技技术在产品中的应用，产品设计的设计范畴和领域得到迅速扩展。更重要的是，消费者越来越重视高科技产品带来的使用感知和体验，设计对象也由实体的物质产品向

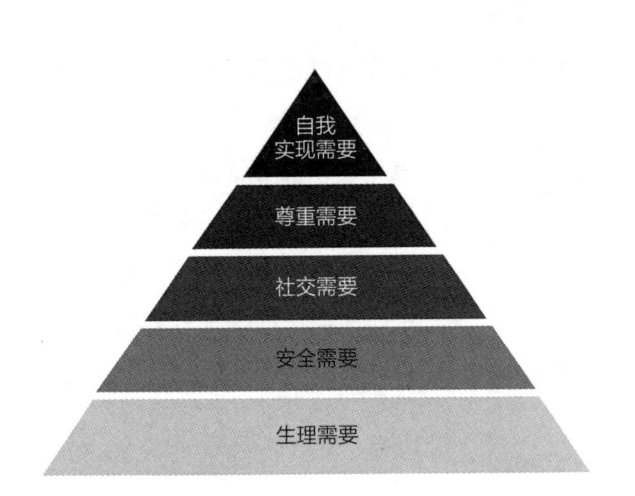


图1-8 马斯洛需求金字塔

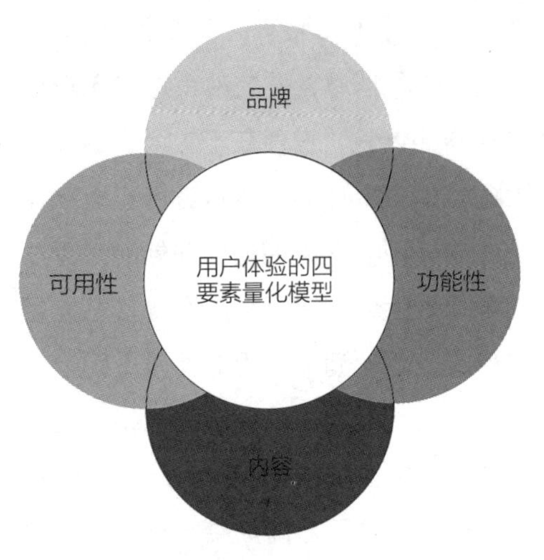


图1-9 用户体验四要素

非物质的服务和体验延伸，这成为产品体验设计产生的一个重要推动因素。

2）理念因素。设计理念的发展在意识领域催生了产品体验设计。“产品体验设计中产品的意义是一个全方位、具有很大拓展空间的生活体验方式，它赋予了使用者更多的自主性，使产品与人有了很强的互动关系。”

3）设计实践因素。为了解决传统产品设计中存在的批量生产和个性消费这对与生俱来的矛盾，长期的设计实践摸索到了一个明确的设计发展方向，即在产品设计之初便将消费者个性化的需求和体验融入产品开发周期，通过考虑不同的需求和生活体验方式来指导设计，这便是产品体验设计的主要方法。“在不远的将来，设计的灵感来源将不会被局限于传统的美和功能这样一些概念，而将会来源于最古老的对智慧的渴求。”人们在生活中追求智慧，产品设计实践要求设计师从经历、探索和回味等生活体验中获取设计灵感，解决传统产品设计中的痼疾（图1-9）。

21世纪初，Robert Rubinoff 将用户体验量化后提出其4个要素：品牌（Branding）、可用性（Usability）、功能性（Functionality）和内容（Content），并整合运用这4个要素在产品设计中的应用来对产品的用户体验进行评估。

1）品牌

品牌是一个能够给企业及其产品拥有者带来市场份额和市场竞争的一个砝码，同时良好的品牌效应还是企业产生增值的一种无形资产，亦是一种对文化价值的认知和信任。用来衡量产品品牌的描述包括：（1）为用户提供有吸引力的难忘的体验；（2）产品在交互过程中凸显体验的价值；（3）产品传达了品牌设定的程度。

2）功能性

功能性包括了产品技术上的交互界面功能和后台程序的运行，它伴随着为所有最终用户提供体验服务，满足用户的基本需求。

3）可用性

可用性包括一般意义上产品功能、特点和易用性，是指产品对用户来说有效、可学、易记和令人满意的程度，即用户能否用产品完成他的任务，效率如何，主观感受怎样，实际上是从用户角度去考虑产品的可使用价值度，是产品是否具备竞争力的重要依据。

4）内容

产品的内容指产品所输出的信息及结构是否准确合理，是根据用户需要和技术工艺而设计组织的，达到用户与产品知行合一，准确及时地实现用户目标需求。

可以得出4个要素中品牌要素占据用户体验环节中的最大比例，可用性其次。设计师获得消费者信息的途径主要是通过传统的市场研究方法和投诉机制，这两种方法虽然能很容易看出目前的产品具有的缺陷和消费者的显性需求，然而从中并不能看出消费者的潜在需求。消费者说他们不喜欢产品的什么地方和他们可能更喜欢什么产品是很容易的，但要说清楚他们自己需求是什么和在将来想要什么样的产品是很困难的，这样就使得确定产品的什么特性能使消费者感到意外的惊喜变得困难。

3. 产品体验设计的主要方法

产品体验设计作为设计领域的一次变革，与传统设计有着诸多的不同。这些差异在设计目标、内涵、特点、设计要求及方法上都有所反映。一段可记忆的、能反复的体验，是体验设计通过特定的设计对象（产品、服务、人或任何媒体）所预期要达到的目标。在体验设计这一整体的设计系统中，产品体验设计作为其中的一项设计内容，同传统的产品设计在内涵、表征上必然有所不同，也必然有其新的理念与特点。毋庸置疑，对于设计师而言，这种变化使他们面临更多新的挑战，也对其提出了更高的要求，这些要求和对应的设计方法主要体现在以下几个方面。

1）系统化设计

产品体验的传递需要通过产品系统传达给消费者，这便是产品体验设计不同于传统设计之处，即设计对象不是单一产品，而是一个完整的产品系统。设计师必须通观全局，用核心理念贯穿整个产品系统，为消费者提供完整的生活体验。

2）单一产品的主题认知和开发

产品体验设计强调体验，将产品视为消费者体验人生的一种表达，这就需要设计师对体验设计的主题理念和内涵有着深刻的认知。确立明确的产品体验主题可以有利于设计师进行系统设计，将产品所要表达的体验顺畅传递给消费者。比如这款围绕“享乐厨房”为主题概念产品，其主题是为了实现与亲友面对面分享烹饪的喜悦。产品造型简洁大方，采用上下层结构；洗涤、切割和烹调区域布局合理，操作方便；工作和非工作状态一目了然，产品的非工作状态可以装饰厨房环境，工作状态可以方便烹饪者交流，分享烹饪过程，使产品在与用户的交互中将主题体验明确无误地传达。该设计围绕既定的主题认知，创造了一种全面统一的产品体验，同时也为单一产品开展体验设计指明一条行之有效的设计途径——通过对产品的主题认知和开发设计，单一产品同样可以营造独特的产品体验。

3）生活情境领悟

产品体验的创造离不开设计师对各种生活情境元素的综合处理。“从生活中来，到生活中去”在体验设计过程中得到很好地体现。产品的体验设计要求设计师具有丰富的生活阅历、广泛的兴趣爱好和渊博的知识，为用户创造尽可能丰富和真实的体验。“在设计中，在满足用户基本功能需求的基础上，更重要的就是为用户创造一个使用产品的良好体验。由于用户的体验很难用统计的方法进行量化，因此，通常采用构建用户情境的方式来进行，进而通过情境的模拟，使设计者获得和用户使用产品时相同或相近的体验，进而有助于设计者进行设计”。比如这款“飘、摇”系列卧具设计，为了让使用者从产品中体验童年，体验母亲的怀抱，设计师构建了一个童年的生活情境：孩童时我们躺在母亲温暖的怀里，母亲的爱抚、哼唱和像荡秋千一样轻缓的摇晃……回忆是那样的令人陶醉，这是一种终生难忘的美好体验。设计师正是通过领悟生活情境，分析总结了象征性的情境特征来进行设计，让用户在使用产品时拥有了相同的体验（图1-10）。

4）服务设计创新

在传统设计流程中，产品设计师工作局限于对产品的功能、造型及其他与生产制造相关的设计；而产品体验设计则要求设计师在完成传统设计工作后，参与另一

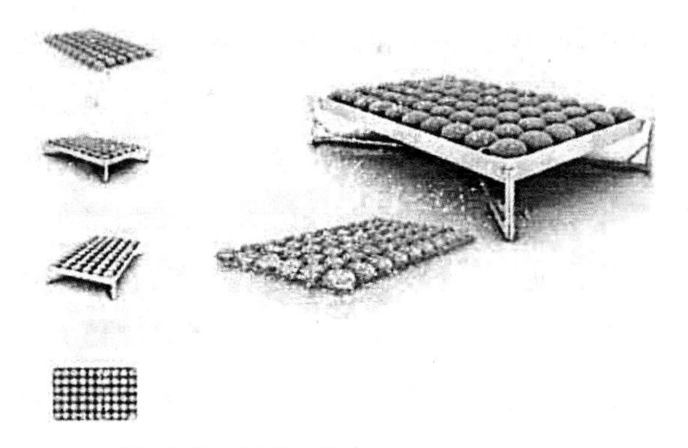

图1-10 “飘、摇”系列卧具设计

项设计任务——服务设计，因为缺少服务设计会使产品体验不完整。“设计要满足消费者的体验，必须先创造出产品，服务作为市场学意义上产品的外层，天然地包含于产品之中，即‘产品中有服务’”。产品中不仅有服务，为了让用户形成积极体验，今天的产品还越来越多地担当传递服务的媒介，苹果公司围绕“iPod”开发“iTunes”就是一个很好的例子。众所周知，苹果的产品外观设计简约梦幻，可其设计价值更多地体现在：优秀设计作为服务提供的载体，旨在给用户带来独特的产品体验。iTunes本质上是一种服务设计的创新，它为iPod用户提供了一种方便快捷的音乐获取方式。更重要的是iTunes的服务设计内容可以不断根据用户需求进行创新匹配，具有无限扩展性。iPod的服务设计案例属于产品体验设计中的售后体验服务设计范畴，它是将新的、用户需要的服务通过产品有效地传递给用户。与产品体验相关服务设计创新的另一途径为零售体验服务设计，这是一个被长期忽视但至关重要的环节。差的零售体验往往会使消费者在购买阶段终止产品交互，让前期所有的设计努力前功尽弃。

作为现代的设计师需要了解，消费者不仅希望通过使用某种产品来完成某项工作，他们还希望产品能够增进生活体验，丰富自己的生活。上述设计案例表明：产品体验不仅可以通过完整的产品系统，也可以借由单一的产品设计来营造。设计师应该重视产品体验的创造，加强对产品体验的表述和创造能力，了解和掌握体验设计的相关规律，有目的地通过单一或系统化的产品设计建构出真实丰富的生活体验。

### 1.3.2 人本化的设计观念

在工业时代，大批量的标准化生产来满足人们的基本生活要求。随时经济社会的发展，越来越多的人不再仅仅满足于产品的功能需求，其被既满足了功能需求又具有个性与趣味性的产品所吸引，因此具有个性或情感性的“设计”更加有市场。所以产品设计不仅需要满足功能需求，同时还应设计中注入情感、心理、道德伦理、历史文化的因素，给人艺术文化等精神上的关怀在如今变得尤为重要。好的产品设计不仅满足了基本的功能还能给人带来或轻松愉快或亲切温馨或幽默有趣或其他感受，让冷冰冰的产品更富于生命和人情味。

以人为本的设计不能割裂功能与形式的联系。不能一想到审美就认为是形式，产品的每个要素都可以具有审美价值，形式不是审美价值的唯一元素，片面地强调某一方面都是错误的。以人为本的设计，不应该只停留在追求表面形式的丰富、色彩的炫目、高品位的诉求这样一些浅层次的设计元素之上，而应该从深层次设计的原始目的出发，将设计应用到的各种层面、各种元素含义综合到设计中来，对整体设计进行综合分析研究。“人”作为设计的最终服务主体，在设计的全部因素中都应该能找到其依据，忽略其中任何一点，都是设计不到之处。

1. 以人为本的设计的要素——关注人性

随着时间的推移，产品的风格也跟着思想的变化而变化。设计师们不再刻板地拘束于各种设计风格的束缚。他们从古代社会蕴涵了人类思想的纯朴陶器，狰狞冷峻的青铜器，优美典雅的青花瓷器以及现代简约、夸张、幽默的工业产品等包含了人类不同文化思想的物品吸取灵感来探求人们对使用物品的喜好，进行设计上的试探发现：近年来，随着科技的发展，人们物质生活的水平不断提高，人们的思想也发生着相应的变化。

趣味性和娱乐性的生活情调是随着社会经济的状况变化而出现的。这种思想的兴起一方面是源于一种“扮嫩”的心理。年轻的一代人思维不受束缚，思想和行动开放。因为物质生活优越，观念新，又叫新新人类，他们的身体发育呈“性早熟”状态，更多人热衷于扮“嫩”，这种类型的人普遍怕老的心态促成了“酷一族”的风行。另一方面源于都市生活的工作压力越来越大，善解人意的时尚风潮就为这群人提供着年轻化甚至儿童化的消费，以缓解他们作为社会中成人的压力，他们的潜意识仍然希望得到加倍的呵护和关爱，逃避社会和成年人的责任。渴望被宠被爱的感觉导致这一类人的文化价值观发生着变化。他们打破传统的规则和标准，甚至是背道而驰，表现出与其实际年龄极不符合的追求儿童特征的思维观念。设计师们当然愿意奉送上令他们满意的作品。设计师主要将简约卡通的造型，欢快的色彩，不同材质等因素运用到产品设计中，因此卡通可爱的造型，明快的色彩成为“可爱型”产品的主要特征。

奇瑞公司推出的迷你型汽车——“QQ”除了考虑人们的购买力之外，其可爱的造型，尤其是像一双美丽大眼睛的前车灯，包括红、黄、蓝、绿等鲜艳的颜色，正是考虑了年轻人群追求可爱、活泼产品心理，从而取得了不错的销售成绩。日本三丽欧（Sanrio）公司的凯蒂猫（Hello Kitty）、史努比（Snoopy）成为世界上最畅销的猫和狗，正是因为准确地把握住了年轻人的心理；英国的乞丐熊、德国的泰迪熊等，一度在全球掀起收藏高潮，由于这种可爱的商品在全球创造出了大量的需求。这些产品体现了活泼、可爱、快乐的时代风格。而这些风格的产品正是现今社会许多渴望留住纯真美好童年时代的人的需求，尽管他们的年龄已经离童年时代很远。影响到设计领域则是设计师打破了传统设计风格的束缚，将这类轻松、愉快、可爱的特点运用到产品设计中。因此日常生活中的许多产品都打上了此种烙印，并受到多数年轻的欢迎，成为一种时尚，同时取得了很好的经济效益（图1-11～图1-13）。

图1-11　QQ汽车

图1-12　Hello Kitty

图1-13　Snoopy

2. 以人为本的设计的要素——人机工程学

创造最适合人们使用的物品，使产品真正体现出对人的关怀和尊重。人性化的产品达到人与产品和谐的配合是设计成功与否的一个重要指标，这在某种程度上也是一种人文精神的体现。而评价一个以人为本的设计作品，首先要评价这个物品在使用上是否方便、舒适、可靠、价值、安全性和效率等方面的评价。如果一个物品不能满足这些指数，无论做得多好，也只能跟雕塑放在一起。这就是一个作品的设计中必须要为使用这个物品的人考虑人的生理和心理的因素。人体的结构尺寸，骨骼的参数，心理可承受的压力等就是人机工程学的范畴了。

人机工程学，是研究人体结构测量学、人体结构力学、工作生理学、劳动心理学等多学科交叉的学科，对人体结构特征和机能特征进行研究，提供人体各部分的尺寸、重量、体表面积、比重、重心以及人体各部分在活动时的相互关系和可及范围等人体结构特征参数；还提供人体各部分的出力范围、活动范围、动作速度、动作频率、重心变化以及动作时的习惯等人体机能特征参数；分析人的视觉、听觉、触觉以及嗅觉等感觉器官的机能特性；分析人在各种劳动时的生理变化、能量消耗、疲劳机理以及人对各种劳动负荷的适应能力；探讨人在工作中影响心理状态的因素以及心理因素对工作效率的影响等。任何为人使用的设计作品，只要是“人”所使用的产品，都应考虑到人机工程参数，人机工程与产品的造型之间要有科学逻辑。以心理为基点，生理为外延，建立人与物（产品）之间和谐配合关系，最大限度地挖掘人的潜能，使人的生理机能达到综合平衡的状态，保护人体健康，从而提高生产率。从工业设计这一领域范畴来说，大至宇航航天系统、机械设备、交通工具、城市建设、生产设备，小至箶、杯、碗筷、文具以及盆、杯、碗筷之类各种生产与生活用品，在设计和制造时都必须把“人的因素”作为一个重要的因素来考虑。一般专业上使用的物品在人机工程上会非常强调人机工程学的合理性，比较重视生理学的层面；一般生活产品则需要更多的符合美学及潮流的设计，也就是应以产品人性化的需求为主，同时考虑心理层面的合理性。

产品的设计不仅要具备实用功能性，还要适用，人机工程学和产品心理学的范畴。表现为尺寸、造型、结构、色彩合理。使用舒适、气氛愉悦。另外对特殊群体如老人、小孩、病人、残疾人、孕妇、左撇子等给予充分的关怀。依据人机工程学原理，使产品与人的生理特征和心理特征相协调，深入考虑产品在使用过程中安全、好用以及使用时的心理体验在设计中就要求整合加工工艺、材料等要素。例如，这款名为TAG CUP的杯子，曾获得日本优良设计奖（图1-14）。它具有良好的隔热性，可防止手被烫伤，无论水温多高，都可以四处拿动，在满足功能的前提下赋予了人美好的情感体验，真正实现了人与产品的和谐。

图1-14　TAG CUP

3. 以人为本的设计的要素——产品的和谐化设计

高层次的产品设计不仅要求功能的实用与合理，还要求产品、人和周围的环境达到一种动态平衡的状态，营造出一个有机的、协调的整体氛围。优化产品的功能和包含在产品中的情感要素来满足人们对于情感和实用和双重需求。这就是产品的和谐化设计，要诠释这个定义需紧密结合客观的物象和产品的情感意境，简单来说包含两个要素：

第一，和谐化设计最终的产品是文化浓缩后的物化形态。这就要求设计师对文化有较深的理解，具有跨学科的、综合性的理论和方法作为基础。设计师需要考察人们的生活习惯、文化背景、身体生理特征、动作行为等。需要对自然科学知识，社会心理学、材料学以及工艺技术有一定程度的理解。

第二，现代社会的高速发展，人们需求日益提高，人们对产品的要求也越来越高，设计的产品也要求在动态上满足人们的需要。因为人类对需要的追求是无止境的，所以动态的和谐将是设计中重要的元素，每一种设计都将是被不断超越的。因此，和谐的设计有两个层面的含义：一是满足当前人们需要的和谐产品，二是向终极的、最高审美理想的和谐迈进。

中国古代文化也强调一种和谐的理念，并创造出无数的精品。各大名窑出产的瓷器以及明式家具的“简”“厚”“精”“雅”的品质，和谐之美一直闻名于世，使用中传达出来的艺术，满足了人们精神上较高的审美要求。

在唐代陆羽的《茶经》中写道：“越州瓷、岳州瓷皆青，青则益茶，茶作红白之色；邢州瓷白，茶色红；寿州瓷黄，茶色紫；洪州瓷褐，茶色黑，悉不宜茶。”讲出了茶具与茶色的协调关系。与中国的瓷器同样出名的有魏德伍德的瓷器，18世纪下半叶，魏德伍德就依据市场的不同需要，合理协调器具的功能和审美。生产出极富有艺术趣味的感性的“女王”牌茶具，至今仍存在市场上，体现出了高度的和谐之美。在19世纪英国工艺美术运动中，阿什比用纤细、起伏的线条塑造出具有较高艺术水平的银质水壶，体现出和谐的设计观。

产品设计已经不再是简单意义上有形的产品造型，而越来越转移到多元的内涵上。这就是和谐的产品和人的关系，这种关系不仅是物质形式上的，更是一种心理上的共鸣。工业化时期产品生产注重标准化、批量化。而本民族的特色却没有在产品设计中体现出来。在现代，日本的现代设计很好地将传统文化、传统设计和谐共处，现代设计与传统设计双轨并行。既没有因现代设计发展而破坏传统文化设计，也没有因传统设计的博大精深而阻碍现代设计。大力保护、提倡和发展传统设计与文化，如日本的传统家具、室内设计、传统建筑、陶瓷以及繁荣传统文化，如剑道、茶道、花道等几乎发展到完美的地步。正是这些本民族的文化得到了充分的发展才带来了设计的繁荣。

意大利阿雷希（ALESSI）公司以设计制作精致器皿名扬世界（图1-15）。活泼、童趣、现代感和强烈色彩，是阿雷希的风格，它更调和了手工艺制作与工业生产的关系，产品有别于一般工厂制品的刻板化。阿雷希公司的创办人乔凡尼·阿雷希1921年在意大利北部欧梅那设立工作坊。他原是一位技艺精湛的银匠，在1921～1930年，其产品以黄铜、镍银餐具和家庭器具为主，做工优美精巧，更加注重人性化。

图1-15　阿雷希公司设计制作的精致器皿

4．以人为本的设计的要素——关注社会生活环境

人不是孤立的对象，处在一个大的环境中并受其影响。因此，设计中的人本理念还要求人的需求与环境形成和谐的统一关系。产品与自然环境的协调也是极为重要的。人类的一切活动永远都离不开周围的生

态环境，因为我们一切的社会架构都是人类与自然环境互动的结果。人的一切活动都是受整个自然环境的制约，人类在创造自己文化的同时，必须正确地处理人类与社会、自然的关系，这样才能确保我们人类的可持续发展。所以人们在进行为了自身的利益来改变自然环境的时候要充分考虑自然界的各种变量以求人与自然的和谐发展。自然生态系统是我们赖以生存和发展的空间，用可持续发展的眼光做设计，是每一位设计师的义务和责任。

绿色设计

绿色设计是20世纪80年代末出现的一股国际设计潮流，在产品整个生命周期内，着重考虑产品环境属性，可拆卸性、可回收性、可维护性、可重复利用性等，并将其作为设计目标，在满足环境目标要求的同时，保证产品应有的功能、使用寿命、质量等要求。绿色设计的原则被公认为“3R”的原则，减少环境污染、减小能源消耗，产品和零部件的回收再生循环或者重新利用。

绿色设计的特征：

1）安全性。设计不能危及使用者的人身安全以及正常的生态秩序，这是“绿色设计”的前提。材料的使用要充分考虑到对人的安全性。

2）节能性。未来的设计应以减少用料或使用可再生的材料为基础，这也是“绿色设计”的一个原则。

3）生态性。“绿色设计”应努力避免因设计不当和选材的失误而造成的环境污染与公害。“绿色设计”应提倡使用自然环境下易降解的材料和易于回收的材料。

以上几点是绿色设计的主要特征，也是时代发展对于设计提出的必然要求。现代产品设计中，如果仅注重产品的功能性和审美性，而忽视节能与环保，那么它就不能称为优秀的设计。因此，设计师还应将“绿色意识”融入产品设计中。

5. 以人为本的设计的要素——倾情关注特殊人群

残疾人、老人、孩子以及一些特殊群体也是社会的组成部分，以人为本的设计不能只停留在为正常有行为能力的人服务的层面，一个国家对弱势群体的关注程度在一定程度上反映这个国家的文明程度。这就是在发达国家呼声很高的无障碍设计。

1974年，联合国组织提出的设计无障碍设计（Barrierfreede Sign）的新主张。这个口号一经提出就得到了世界各国众多社会团体的响应。无障碍设计的口号是：在高速发展的现代社会，一切有关于人们衣食住行的公共区域的建筑设施、设备的设计制造，都应充分考虑各类不同行动能力的人（如残疾人、老人等行动能力不便者）的使用需求，配备各不同程度行动能力者使用的服务措施和装置，营造一个充满爱与关怀、切实保障人类安全、方便、舒适的现代生活环境。

顾名思义，无障碍设计就是要在实现产品对不同行为能力的人们都可以提供较多的关注，使他们没有障碍的使用，盲人用地球仪享受社会发展带给每个人的优越生活。比如在城市公共设施、马路、公园等设施设备进行各种辅助设计，使他们可以轻松使用这些公共设施。例如人行道上为视力障碍的人设计盲道（图1-16）、残疾人专设的方便残疾人使用的卫生间、银行自助存取款机为残疾人提供语音服务等，以及公

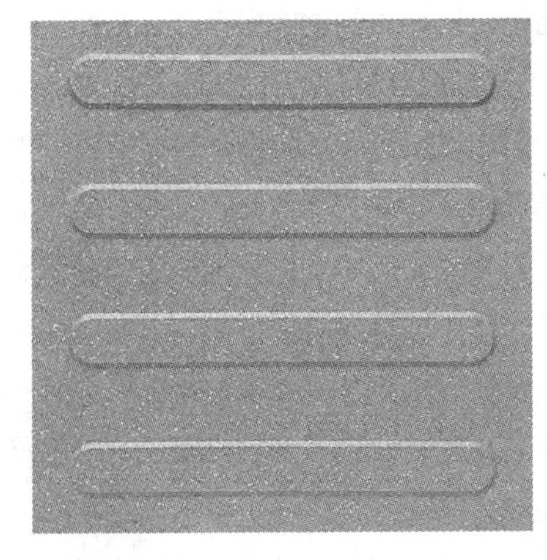

图1-16 盲道

园盲人使用的健身设施等娱乐休闲工具和设施。无障碍设计从关注社会弱势群体，以更高层次的理想目标推动着设计的发展与进步，使人类创造的产品更趋于合理、亲切、人性化。如盲人用地球仪这种供盲人学习用的地球仪在受到触摸时，会发出声音，介绍被触摸到的国家的基本情况（图1-17）。

某种意义上说，设计师承担着一定的社会和谐发展的责任，无障碍设计的基本思想就是基于对整个社会的人性关注，基于人类行为、意识与动作反应的细致研究，致力于优化一切为人所用的物与环境的设计，在使用操作界面上清除那些让使用者感到困惑、困难的“障碍”（Barrier），为使用者提供最大可能的方便。

图1-17　盲人地球仪

# 第2章

# 产品设计的价值象限

在产品设计前，首先将要明白两个概念，一个为造型，另一个为技术。造型是指产品的外在形态，包括美学和人机因素，其主要体现在使用者的感受，比如美、舒适、易用。技术是指产品的核心功能，包括产品的动力，使用产品时要求部件间相互作用关系和生产该产品的材料和方法。比如机械产品的机械原理、材料及其制造工艺。

## 2.1 造型与技术的结合

### 2.1.1 造型相对技术

产品的成功开发最核心的两个因素便是造型和技术。传统的“功能决定形式”“由内到外”的设计思想已经不能适应当今时代的发展要求，产品的设计必须把造型与技术统一起来，一个成功的产品，其拥有更为先进的技术，但是没有一个完美的造型，吸引不了消费者同样是失败的产品。

产品的造型设计在不同的历史阶段也有不同的特色，这也与当时的技术水平有着必然的联系。在原始社会，人类进行劳动的目的是为了解决人类自身生存的基本要求，仅有功能作用，可谓“食必常饱　然后求美”根本谈不上什么艺术造型。随着人类社会的日益发展，世界范围内的产品造型设计业也发生了重大变化，包豪斯学校首先把艺术与工业相结合，美国在后期也受欧洲工艺美术运动发展的影响，生产出既美观又实用，且具有市场竞争力的产品，从简单到复杂，从粗糙到精细，从凹凸不平到光滑细腻。伴随的也是技术的不断进步。两者是相辅相成，为以后的产品设计发展奠定了基础。

造型是外，技术是内。产品的造型更是美学的体现，不是单纯的形式美，而是构成产品造型的诸多因素（功能、材料、工艺等）的综合体现，是科学与技术的有机结合，其主要包括舒适美、功能美、规格美、结构美、材质美、工艺美、形态美、色彩美及单纯和谐美，西班牙Javier Moreno工作室设计的椅子Silk，利用碳纤维材料特点及生产工艺构造了独特的形式美，同时也实现了椅子舒适和轻便的功能（图2-1）。

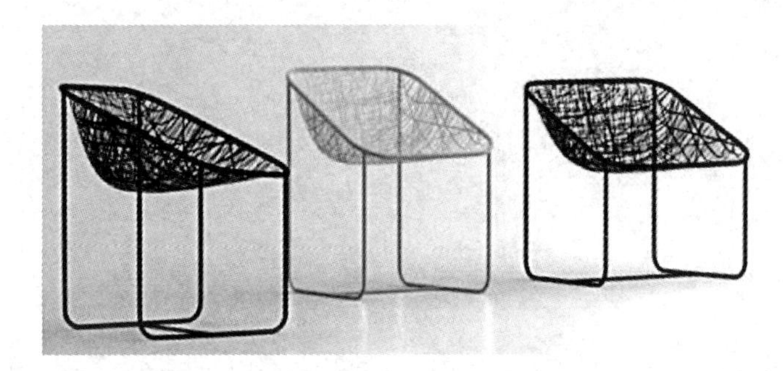

图2-1　Silk椅

人们购买工业产品或者日用品首先是为了完成或改善某项工作，当我们只是片面的追求造型，设计出那种新颖、前卫的造型时，技术方面不能够和造型同步，也就是技术跟不上造型，一个产品就会脱离原有的使用价值，不就变成一个“假大空”的产品了吗？一个产品不好用，人们会愿意买吗？答案当然是否定的，这种产品是宁可为自我表达而牺牲实用价值，是不可能取得成功的。诺基亚2003发布了一款手机设备N-Gage，它被定义为游戏手机。而诺基亚发布这款手机是为了挑战任天堂掌上游戏机的市场位置，但是因为过于追求造型独特及设计过多的按钮，最终没有被用户接受（图2-2）。

成功的产品一方面必须反映消费者的期望，能够塑造产品自身的品牌形象；另一方面它同时还是一种标准，用来度量产品怎样反映了市场上人们预期的生活方式，一个有价值的产品其造型一定是被广大消费者所认可的，产品的造型就像皮肤一样，是最直观的呈现；产品的技术就像骨骼一样，是多功能的体现。

从根本上说，一个产品，如果是有用的、好用的和想拥有的产品，能在生活方式、可用性及人体工程学等

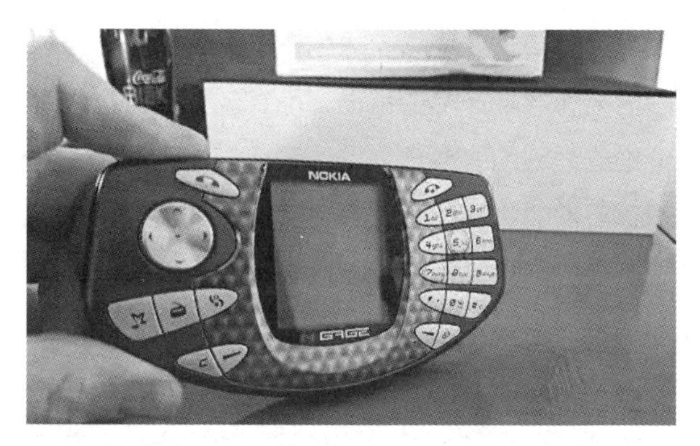

图2-2 N-Gage

方面产生更强的影响力，这个产品就会被消费者认为是有价值的。

## 2.1.2 技术服务造型

一个产品在设计的过程要考虑产品的结构，实现产品所需要的材料等，而这些都是与技术有关的。无论是传统的技术还是先进的技术，都要考虑产品设计的经济性和实用性。技术作为产品设计的工具和手段，产品的核心功能，即产品原动力，使用产品所需要的部件间的相互关系以及用以生产产品的材料和方法。核心功能可以是机械的、电力的、化学的、数字的或者所有这些的结合。核心技术的相互作用需要至少一个甚至一系列复杂的按钮和屏幕或者声音指定来操作。一个产品是有用的、好用的、有价值的，必定是有自己独有的技术来支持，在技术的支持下来确定产品的外观品质。

从本质上说，产品的核心技术主要包括：产品的可靠性和产品的可使用性。产品的可靠性是在产品的使用过程中，由于时间的推移，产品难免会出现故障，但是所涉及的产品必须在规定的寿命期限和正常的使用环境下，能保证产品正常工作，以此实现所拥有的价值。产品的可使用性是一个产品最基本的特征，就是其所蕴含的基本功能，也就是产品要满足使用者最基本使用要求的特性。不管是何种技术，必须首先保证能够实现产品的最基本的功能。

美学和个性瞄准的是造型设计，核心技术和品质价值瞄准的是技术因素。技术作为产品设计不可或缺的部分其最基本的是保证能够运转正常，能够实现使用者的期望，并且能够给使用者带来愉悦的感受和体验，例如以色列机器人公司NUA Robotics设计的一款智能行李箱Bluesmart，它是一款特别适合随身携带的智能手提箱，内置GPS定位追踪、磅秤、自动数字锁以及距离警报以防用户弄丢它。Bluesmart通过智能手机App、摄像传感器和蓝牙技术进行定位，实时追踪用户所在地，为用户提供了良好使用感受和出行体验（图2-3）。

图2-3 Bluesmart智能行李箱

有的公司之所以能够把自己同竞争对手区别开来，开发出成功的产品，是因为他们拥有独有的技术和完美的造型以及附加价值。在造型出众的前提下以及技术的支持下，最大化地增加使用者的愉悦感和体验感。蛇形灯SnakeLight与普通的手电筒相比增加了价值并且强化了用户体验；星巴克提供了一个比地方小餐厅更丰富的体验；GoodGrips削皮器比普通的削皮刀更能支持备餐的体验；Talkabout则超越了普通对讲机而加强了沟通体验。他们所展示的是一系列从简单到复杂的产品和服务。这种结合引出了被认为是具有高度价值的突破性产品。而有的产品的开发只注重技术，忽视了造型，仅仅建立在技术优势或产品原创的基础上，它们把产品技术功能最大化，却忽视了生活方式的影响以及通用的人机工程的影响。单纯技术驱动和造型驱动的产品，虽然也具有一定的价值，但这种价值是有限的，同时这些产品的市场也非常有限（图2-4、图2-5）。

图2-4　星巴克

图2-5　GoodGrips削皮器

随着顾客对市场认知能力的提高，缺乏造型和技术的产品被社会所逐渐淘汰。使用者认为低价格就是没有价值，价格就是衡量产品价值的度量衡，而不是建立在顾客所认同的价值上。普通的瓜果削皮器，就是这种现象的体现。慢慢地，人们对于价值的看法发生了变化。

在20世纪的大部分时间里，价格成为制约人们购买产品的最主要因素，人们对产品的价格异常敏感，因价格而忽视产品的品质。而在现在的日常生活中，价格成为制约购买产品的因素正在逐渐弱化，新时代下，人们的购买行为也发生了巨大的变化，人们会注重产品的品质。每个人都会或多或少买一些能够体现他们生活方式与生活品质的东西。但是，如果你要收取比竞争对手更高的价格，那么最好能让顾客感觉到增加的价值与增加的价格相配。如果产品没有增加价值，那么作为具有更高价格的商品自然就会失败。

总的来说，产品的造型设计与技术必须有机统一平衡地结合起来，因为只有这样才会最大化地增加产品的价值。对于设计者而言，不能片面地追求造型或者功能，设计师在最初阶段就要进行造型与技术的统一。在实施过程要有交流沟通，团队的工作人员要避免专业歧视，相互补充、精诚合作、共同致力于有价值的产品设计，让使用者获得全新的体验。设计者可以借助对SET（社会—经济—技术）系列因素的分析，把握产品设计的价值机会缺口，充分考虑到产品目标用户对产品的价值期望，同时结合产品的技术和造型在现代产品中所起的作用，使设计的产品价值得到最大化的体现。

## 2.1.3　核心技术与质量

美学和个性瞄准的是定位中的造型因素，核心技术和质量价值机会瞄准的是技术因素，仅有技术是不够的，但它却是必不可少的。技术必须要能保证一个产品功能良好、运转正常，能够达到人们所期望的性能，而且工作稳定可靠，人们可能要的不仅是技术，他们希望技术能够高速发展且不断增加更新、更可靠的功能。

● 可用：核心技术必须要有一定的先进性，可以提供足够的功能。核心技术可以是新兴的高新技术，也可以是加工质量很高的传统技术，只要它能够满足用户所期望的性能。

● 可靠：用户希望产品中所应用的技术能够保证产品能够持续一贯地工作，并且能长时间保持极高的性能。

质量也是一个价值机会。一个产品质量的好坏将影响它的口碑，从而也会立马影响其之后的市场。德国制造一直以品质著称，从厨房用品到汽车都是如此。德国的产品从来不以低价的方式出现，这种质量及细节最终会成为在国际上的一种影响力。对于一个品牌也是如此，产品品质的好坏在短时间内是看不见的，但当用户用了很长一段时间以后的评论与口碑将会对产品及整个品牌都有很大的作用。我们在日常的产品设计过程中往往是从片面的角度出发，或者往往以设计师个人的角度出发，凭借着经验来设计产品。这样做虽然快速，但不够全面及理性。如果能从情感、美学、个性形象、人机工程、影响力、核心技术及质量多角度考虑，产品设计过程中的价值机会也会变得更多。产品设计的方法与过程实际上是一个比较理性的过程。我们不可能在产品设计价值机会上都有突破，但如果我们尝试在每一个价值机会上下些工夫，或许就会有1个或2个价值机会被打开。这样产品在市场上表现更好的机会也会更大。

产品质量制造的精度材料结合、粘结的工艺等，虽然它和技术相关，但这里关心的重点是产品加工本身——不是指加工过程，而是对程序结果的期望值。产品在被购买时能让人感觉到质量优良，并且能够在长时间满足用户的期望值。这种价值是通过汽车关闭车门时所发出的声音、电脑显示器上两个部件结合部分的缝隙，可随意折叠桌子、桌角结合的细节等。如图2-6所示的玩具蛇形灯，70后熟悉的玩具——以“魔棍”为设计灵感，蛇形灯将多个小方块连在一起，每一个小方块都可以独立旋转360°，组合成新的立体形状，让它可以作为台灯、壁灯甚至吸顶灯来使用。虽然做起来并不容易，但是至少技术和装配方法的发展已经使这个目标成为可能。如果在开发的前期花长时间研究可以满足用户期望值的产品，下游的生产细节就会变得简洁明了。通过在早期的开发程序中对制造问题的探讨，就可以在模具和装配投入之前发现一些可能存在的、代价不小的问题。质量的价值机会分为两方面属性：

● 制造工艺——配合与表面工艺：产品应该满足合适的要求以保证其性能。

● 耐久性——性能随时间变化的情况：产品外观必须在预期的产品寿命之内保持恒定。

图2-6 玩具蛇形灯

乔治·布雷斯代是ZIPPO的创始人，就是他创造了代表雄性光和热的ZIPPO打火机。1932年，当这位美国人看到一个朋友笨拙地用一个廉价的奥地利产的打火机点烟时，就萌发了要设计一种可以优雅使用的打火机，使用它不再是件尴尬事，而是一种享受。事后布雷斯代发明了一个设计简单，不受气压或低温影响的打火机。在“拉链”（Zipper）这一发明的影响下，乔治·布雷斯代为自己创造的打火机命名“ZIPPO”。在4年之后，ZIPPO成功地获得美国政府的专利权，并依照它原始的结构重新设计了灵巧的长方形的外壳，盖面与机身间以铰链连接，并克服了设计上的困难，在火芯周围加上了专为防风设计的带孔防风墙。20世纪40年代初期，ZIPPO成为美国军队的军需品，随着第二次世界大战的爆发，美国士兵很快便喜爱上它，一打即燃及优秀的防风性能在士兵中有口皆碑。

除了实用性和防风的妙处外，每款都是一件具有收藏价值的艺术品。图2-7所示ZIPPO打火机。简单、坚固、时尚、身份象征、个性彰显，ZIPPO已超出普通打火机一般的功能。世界上从来没有第二个牌子的打火机像ZIPPO那样拥有众多的故事和回味。

图2-7 ZIPPO打火机

同时拥有ZIPPO也是男士们迈向成熟男人的标志，对于女士，在心爱的男人生日那天送给他一支ZIPPO也许就可以获得他的信赖和关爱。在打火机行业，它无疑是成功的。每一位使用的人士都能感受到美妙的体验，这种体验来自于设计以及设计所体现的价值。它无疑是打火机行业中有用的、好用的、人们希望拥有的突破性产品。

现在的ZIPPO个性DIY是ZIPPO定制新概念，ZIPPO一般是由黑冰或哑漆机型通过喷绘或激光雕刻的方式在ZIPPO表面做出个性的定制图案。ZIPPO个性DIY主题可以分为四大主题：爱情主题、亲情主题、友情主题、心情主题（个性展示）。因为其独一无二，所以深受广大ZIPPO收藏爱好者的青睐。

## 2.2 价值机会

价值可以被分解为能够支持产品的可用性、易用性和被渴求性的各种具体的产品属性，这些属性把产品的功能特征和价值联系在一起。产品为用户创造了某种体验，体验越好，产品对于用户的价值就越高。理想的情况是，产品通过更加愉悦的方式帮助用户解决某个问题或完成某项任务，从而实现了一种梦想。为产品提升价值的机会，称作价值机会。价值机会的类型分别是：美学与情感、产品形象、核心技术与质量，每种价值属性都会对总的产品体验有所贡献，并且与有用的、好用的和吸引人的产品价值特性联系在一起。

由于人们的需要、要求和渴求，从而影响人们购买和使用某种产品，价值机会依此将一件产品从竞争中区分出来。价值机会是抓住消费者心理的瞬间。情感的价值机会往往与用户使用产品的心理体验直接相关；产品形象和美学的价值机会则强调消费者的生活方式；核心技术和质量价值机会强调了产品在试用以及长期使用过程中的满意度。这些价值机会作用在一起定义了产品对于用户的价值。更深入地考察这些因素，会发现每一个因素都以不同的方式作用于产品中。每一个又会被分解为一系列特定的价值属性，根据需要，这种分解后的可能会更加细致、深入。由于文化需求的改变，新的价值需求也会显现。

价值机会是生活方式影响力、功能特色的进一步延伸。生活方式影响力代表了美学与情感、产品形象等价值机会；功能特色代表了核心技术与质量的价值机会。越多的价值机会属性被涵盖，能够支持新的体验经济的产品的位置就会越稳固。

### 2.2.1 美学与情感

美学是着眼于感官的感受。五种感觉都是这个价值机会的重要属性。通过使用产品来刺激尽可能多的感觉器官，能够建立一种使用者与产品应用之间的积极的联系。这一系列包含了审美的感官感受，强化了情感价值机会，尤其是感性属性（图2-8、图2-9）。

图2-8 童年的气息
将天然的气味注入儿童的玩具。

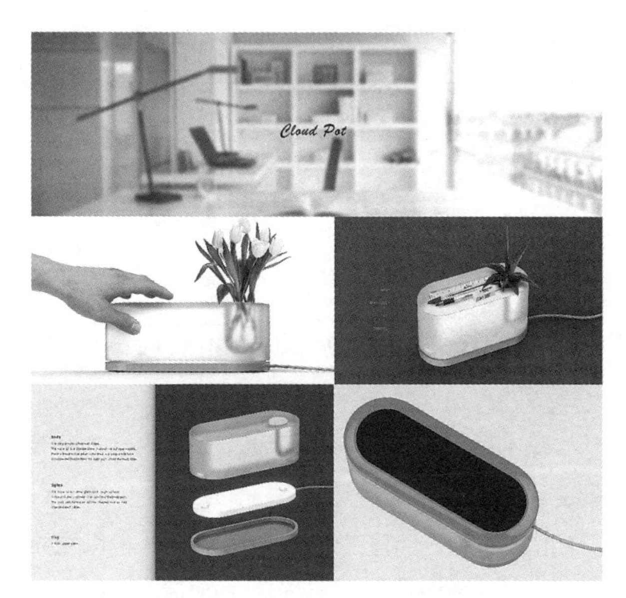


图2-9 Cloud Pot
这是自然友好的心情灯，“它”的灵感来自云。

美的属性包括：

● 视觉：视觉形式必须把形态、色彩和质感与产品和目标市场的实际情况结合起来。

● 触觉：人与产品之间实际的接触与互动，这些接触和互动的过程必须能够加强人们使用产品的体验。

● 听觉：产品应该发出合适的声音。

● 嗅觉：产品必须要有合适的气味。

● 味觉：设计给人吃的产品、厨房用品或者其他用于放在嘴里的产品（比如儿童玩具），要有令人愉悦的味道或者无味。

所有的价值机会都支持产品提升用户体验的能力，但情感界定了体验的核心内容，情感体验确定了产品的幻想空间。情感价值机会是用户使用产品时的感官体验。不同的想象空间区别了不同的产品。我们把情感属性划分为：

● 冒险：产品令人兴奋，引人探索。

● 独立感：产品提供一种无拘无束的自由感。

● 安全感：产品提供一种安全和结实的感觉。

● 感性：产品提供一种丰富的体验。

● 信心：产品强化了用户信心并引发了人们使用产品的动机。

● 力量：产品提高了威信、控制和优越感。

产品可以利用多种情感因素来提升价值。这种情形适用于任何一种价值属性。虽然有些产品可以通过强调核心属性而取得成功，但是涵盖越多相关价值机会属性，一个产品就越有可能给目标市场增加价值（图2-10）。

## 2.2.2 产品形象

产品的形象强化了情感的价值机会，并且支持了用户拥有与使用这种产品的梦想。产品的形象同样支持了企业整体的品牌形象。产品形象的三个属性包括个性化、适时性和适地性（图2-11）。

● 个性化：对产品个性来说两个主要的问题是：

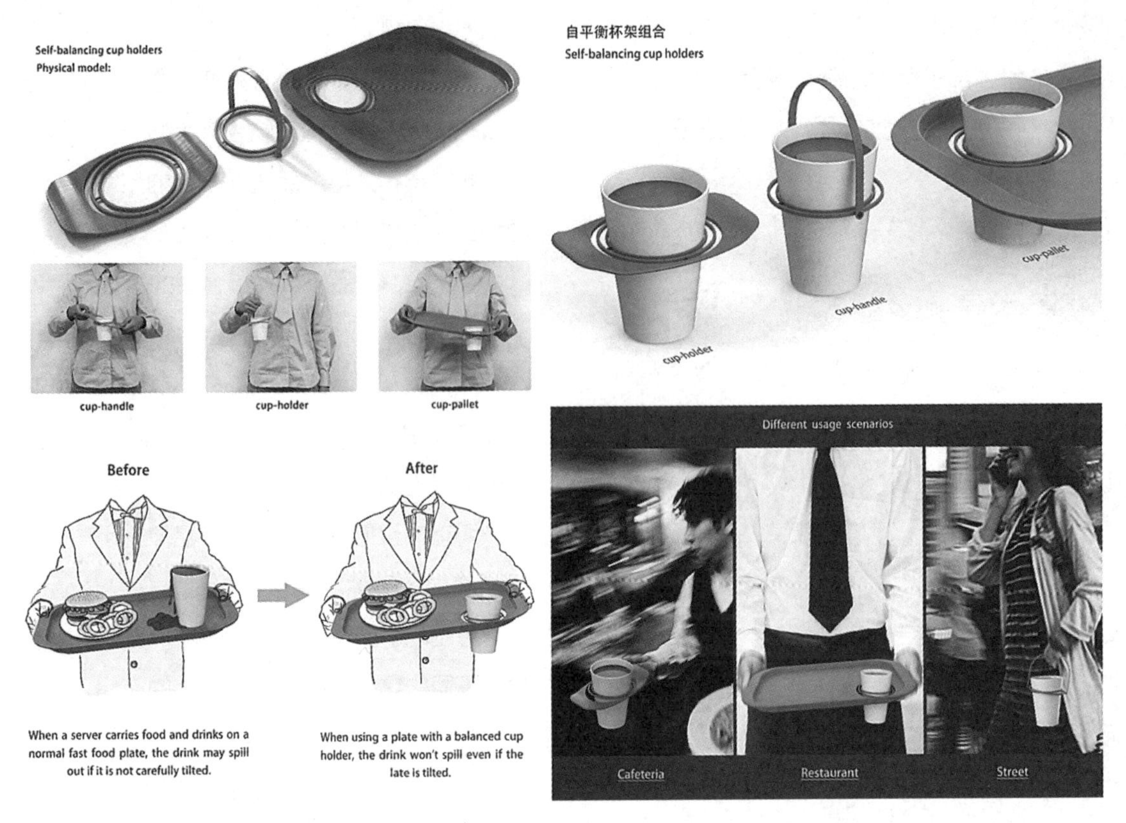


图2-10　自平衡杯架组合（2020金点概念设计奖）
试图用一种简单的附加结构来解决饮品会从杯中倾洒出的问题。自平衡杯架中的内外两个圆环由两组相互垂直的连接柱组成，当杯子放在自平衡杯架内时，在重力作用下圆环会自动调整角度，使杯口始终保持水准状态。无论左右晃动或前后晃动，杯中的液体都不会洒出。该组合分为杯托式、手拎式和托盘式，可在不同场景下使用。

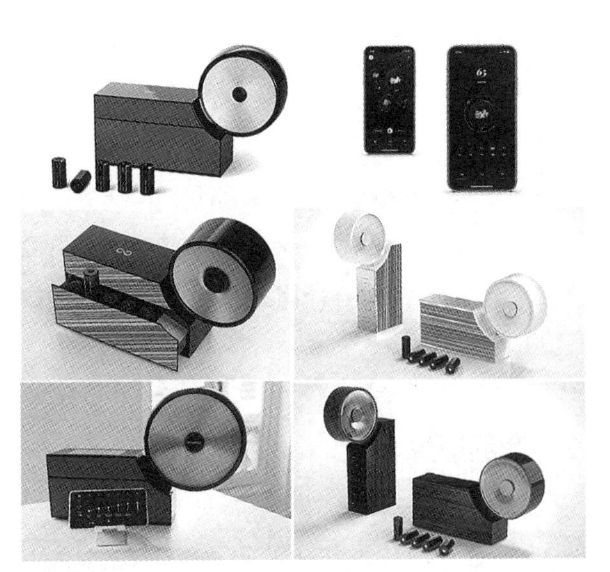

图2-11 【2020 红点奖】Compoz / 香薰
该产品会创建单独的房间气味，从而在家里、办公室或酒店房间内提供个性化的居家氛围。五个盖有有机级精油的盖可用于混合。借助人工智能，Compoz 可以了解用户的偏好并提供适当的混合建议。外观也可以根据个人喜好通过皮革、木材或石材等不同表面进行调整。

①产品能够适合于市场同时又能与直接的竞争对手相区分的能力；②产品与公司其他产品的联系。

● 适时性：若想使一个产品成功，必须要捕捉一个合适的时间点，并用一个清晰有力的方式表达出来。适时性可以巧妙地把功能和美感结合起来。

● 适地性：产品设计必须考虑并且使其适用于被使用的过程和场合。

## 2.2.3　核心技术与质量

核心技术与质量价值机会瞄准的是技术因素。技术必须要能保证一个产品功能良好、运转正常，能够达到人们所期望的性能，而且工作稳定、可靠。人们可能要的不仅是技术，他们希望技术能够高速发展，不断增加更新、更可靠的功能（图2-12）。

图2-12 【2019 红点最佳设计奖】LARQ Bottle / 水杯
LARQ 水壶以创新的 LED 技术为基础，能够自动清洁任何地方的水，立即消灭水中的细菌和病毒，可轻松生产中性口味的无菌饮用水。该技术还可以防止发霉的气味，而无需化学处理或其他繁琐的过滤过程。可重复使用的 LARQ 瓶的设计不仅可以解决一次性浪费的水瓶的问题，还可以解决以下事实：世界上许多人都无法获得不含致病性水生微生物的清洁水。该水瓶将复杂的功能与清晰的线条和时尚的设计词汇结合在一起。它的外壳由优质材料制成，由两个坚固的层组成，使其坚固且经久耐用。LARQ 还具有引人注目的配色方案，并通过两色调的粉末涂层完成了清新的外观。

● 可用：核心技术必须要有一定的先进性，可以提供足够的功能。核心技术可以是新兴的技术，也可以是加工质量很高的传统技术，只要它能够满足用户所期望的性能。

● 可靠：用户希望产品中所应用的技术能够保证产品能够持续一贯地工作，并且能长时间保持极高的性能。

最后一个价值机会是质量：制造的精确度、材料的结合、粘结的工艺等。虽然它和技术相关，但这里关心的重点是产品加工本身——不是指加工过程，而是对程序结果的期望值。产品在被购买时应该能让人感觉到质量优良，并且能够在长时间内满足用户期望值。虽然做起来并不容易，但是制造技术和装配方法的发展已经使这个目标成为可能（图2-13）。质量的价值机会分为两方面属性：

● 制造工艺配合与表面工艺：产品应该满足合适的公差要求，以保证其性能。

● 耐久性性能随时间变化的情况：产品外观必须在预期的产品寿命之内保持恒定。

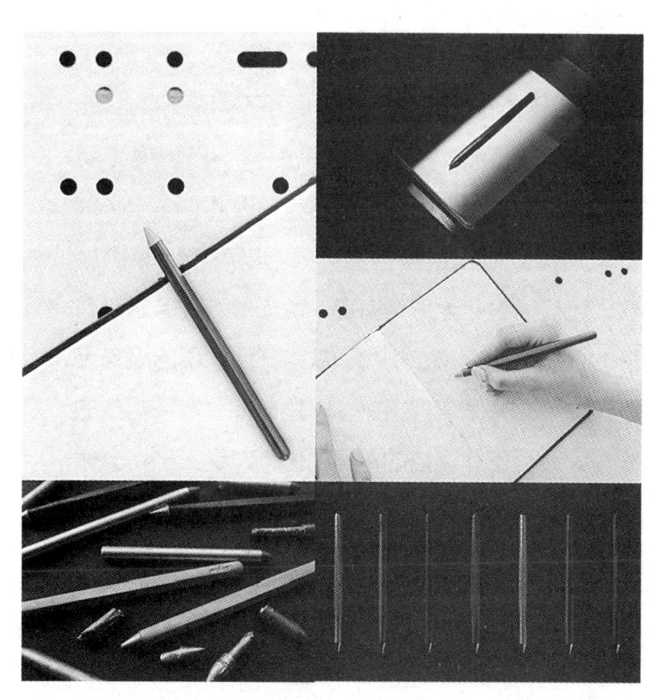

图2-13 【2019 红点奖】Nuka / 笔
Nuka 是一支可以使用数个世纪的铅笔，因为它非常耐用。它由柔软的阳极氧化铝制成，并带有金属笔尖，该金属笔尖会氧化纸张，从而留下痕迹。此技术可确保不会有墨水滴落，不会弄脏笔记或手指，也不需要磨锐。铅笔的设计体现了经典的现代性，并展现了创新和永恒。

## 2.3 凸显的价值

### 2.3.1 产品服务与价值观的转变

随着科学技术的进步，产品技术越来越复杂，消费者对企业的依赖性越来越大。他们购买产品时不仅购买产品本身，而且还希望在购买产品后，得到可靠而周到的服务。企业的质量保证、服务承诺、服务态度和服务效率，已成为消费者判定产品质量，决定购买与否的一个重要条件。对于生产各种设备和耐用消费品的企业，做好产品服务工作显得尤为重要，可以提高企业的竞争能力，赢得重复购买的机会。

1. 产品服务特点

1）形态的无形性——服务是不可感知的，无形、无声、无味。在购买以前是看不见也摸不着的，它只能被消费而不能被占有。因此，企业必须善于宣传其所提供服务的价值，以感染、吸引顾客，还可通过化无形为有形，使无形的服务通过有形的证据表现出来。例如，铁路部门优质的服务可通过以下几方面表现出来：一是环境，宽敞明亮的候车大厅，干净整洁的车厢铺位；二是人员，全体工作人员着装整齐，面带微笑；三是设备，现代化的硬件设施。

2）不可存储性——服务的价值只存在于服务进行之中，不能储存以供今后销售和使用。所以，企业在提供服务的过程中，必须始终与顾客保持紧密的联系，按照顾客的要求提供服务项目，并及时了解顾客对服务的意见和建议，按需提供，及时消费。

3）产销的同时性——由于服务的不可存储性，所以服务的生产和消费一般是同时进行、不可分离的。如果服务是由人提供的，那么提供服务者也成为服务的组成部分。有时提供服务还需要被服务者在场，如指导顾客使用、维护产品等。

4）质量的波动性——服务质量是由人来控制的，而人的素质又是千差万别的。所以，服务质量取决于由谁来提供服务，在何时、何地提供服务及谁享受服务，服务质量会因人、因时、因地而存在差异。

因此，企业应挑选和培训优秀的服务人员，尽量减少服务的质量波动、规范服务程序和服务方式、向服务的标准化靠拢、加强与顾客的沟通及提倡顾客积极参与服务过程，借以稳定和提高服务质量水平。

在科学技术迅猛发展及国际化的市场竞争越演越烈的今天，企业之间的竞争变得越来越激烈，产品的内涵和外延也得到了前所未有的拓展。随着人们生活水平的提高和生活品位的上升，人们对产品的需求也从“量的满足”转向“质的追求”，甚至是“情感的交流”。全球首款儿童智能机器人（图2-14），独一无二的全自主智能拍照和主动交互功能，让你体验前所未有的智能感和科技感。自主拍照——机器人通过精准的人脸识别技术准确捕捉宝宝的脸，采用专业摄影的黄金分割法则进行构图、拍照；无需人工指令，即可随时捕捉到宝宝的每一个精彩画面，见证宝宝每一天的成长。主动交互——机器人内置精准的情绪识别算法，搭载国际一流的语音识别系统，根据不同情景和用户情绪发起合适的聊天话题，成为宝宝的贴心小伙伴。

图2-14　全球首款儿童智能机器人

另外，机器人可以实现自主跟随，根据人体检测以及用户语音指令，轻松实现跟随行走，时刻守护宝宝的安全。这也使产品设计向多元化、个性化的纵深方向发展。

产品设计中实现为人服务的目的，解决生活中的各种问题。探讨产品所蕴含的人性化设计观念和根植于时代特性和地理特性的文化价值观念，能为产品设计提供更深层次的理论依据，使产品更合乎人性。随着社会的发展，设计所具有的人性的意义就将越来越显示其重要性，人性化的设计观念是合乎时代发展要求的。产品与文化又是紧密相关的——产品是文化理念的载体，而文化则是产品内涵的延续。产品设计应符合特定的文化特性，表现出与时代精神和科技进步的协调性与前瞻性。

反过来，产品设计又可以影响人的生活的文化氛围，甚至导致一种新生活文化形态的形成。现代设计师要善于通过适当的物质材料，借用一定环境和文化背景的某种符号系统，创造某种同构性的艺术形式，来唤起受众身心结构上的类似反应，从而形成和传递现实的设计信息。

从某种程度上来说，如果能够把握社会文化结构需求的趋势与变迁，使相应的产品与之相契合，这是一个巨大的潜在市场。因此，设计应充分地尊重人、理解人的特点，以人为基本出发点，用主动、积极的方式去研究人的需求，探索各种潜在的愿望，用一种系统的、整体的观念，把人的需求、人机工程学、美学及环境因素等有机地融合，进行综合分析，以此确立产品设计的目标。技术的进步减轻了人的劳动强度，信息的快捷方便了人类生活。因此，把产品服务的因素放在首位，强调人、产品、环境、社会之间相互依存、互促共生的关系，已是大势所趋、人心所向。

2. 价值观的转变

价值观是人们用于区别好坏、分辨是非、平衡轻重的心理标准，是推动并指引个人行动的原则，是决定个人行为态度和方式的根本性因素。

新世纪以来，设计行业发展的趋势主要表现为设计师视角的转变，即从初期约定俗成的、浅层次的以直接满足公众的饮食、安全等基本需求为主的目标，转为当下：通过设计活动直指的创意作品，体现出创作者的价值观，传递其精神诉求。创作主体能够借助作品展示的传播功能，影响受众看待世界某个问题的价值尺度和标准。

对任何机械与工具的设计，都是对人类本身功能不足的延伸。产品设计就是对这一需求做出正确合理又富有创造性的响应，使设计的产品与使用者的身心取得最佳的匹配，使人在统一的人机系统中充分发挥自身的工作效能，使人成为产品的主宰，对工业产品做最有效的操作。

产品设计的不断发展使人们在认识上发生了两方面较大的变化。一是人们价值观念的改变。“以机器为本”的价值观强迫人去适应机器的功能和特性。随着心理学的发展，人们逐渐将认知心理学应用到设计中来，试图研究人的特性，以便设计和改善人与物、人与环境、人与人的关系，形成“以人为本”的设计观念。二是人们需求的提高。随着工业技术的发展，人们从仅仅对产品的功能性要求提升到了审美的要求、舒适性要求、高效化要求等。而人在工作中起着决定性作用，所有产品的设计都是辅助人去完成某一件事，那么就应该以人的需要为中心，设计就趋向于人性化设计，产品不仅仅要满足人的生理需求，还应该更高层次满足人的心理需求。

产品设计的核心思想是“以人为中心”，设计的目标就是解决人与自然、人与社会、人与自身之间的种种矛盾，“从人的需要出发，又回归于人”。而社会矛盾的根源，就是社会的发展导致用户价值观的改变。所以只有了解用户的价值观，分析用户的具体特性，只有这样才能设计出更高效率操作的人性化产品。在产品设计中，使设计出的产品在使用操作中能被快速地识别界面的符号，减少错误操作，使用户得到过程中的舒适及心理情绪上的满足。

### 2.3.2 质量与用户的价值体系

产品质量可分为产品的使用质量、设计质量、制造质量、装配质量、安装质量和包装质量，等等。由此，产品的某种质量可定义为“在某种前提条件下产品完成某种工作的要求所能表现的能力和水平”。

产品的设计质量可定义为“执行或完成产品设计的工作要求所能表现的能力或对产品设计的工作要求应该包括用户、企业和社会对产品设计工作提出的所有质量要求。”

产品的质量一般是从使用角度出发，即是以用户使用的工作要求来考虑的，例如该产品的功能实用有效、工作安全可靠、操作方便、有足够长的寿命、外形美观、省电节能、便于维修等。在产品研发、设计、制造、销售过程中，科技工作者早已提出了产品的狭义的质量、价格、生产周期、环境和售后服务等5大要素。

随着全球市场竞争日趋激烈，产品质量已经成为企业生存和发展的关键因素之一，而“产品设计质量是决定产品最终质量的关键因素”。产品设计质量是指用户、企业和社会对产品设计工作提出的所有质量要求。近年来，越来越多的人意识到产品设计质量必须在产品的设计过程及其控制中予以实现。因此，研究面向产品设计质量的设计过程及其控制具有重要的理论价值和实际意义。控制面向产品设计质量的设计过程实现产品设计质量目标。

具体工作内容如下：

首先，全面获取了用户对产品设计质量的需求。这既是产品开发设计的起点，也是面向产品设计质量进行产品设计的第一个环节。根据产品设计质量在用户域中的体现形式，建立了面向产品设计质量的用户需求获取过程。

其次，从设计角度准确提取了产品设计质量特征并进行产品顶层设计。因此，需要在已获取的用户对产品设计质量需求的基础上，从设计角度准确提取产品设计质量特征并进行产品顶层设计，这是研究面向产品设计质量进行产品设计的第二个环节。

产品的设计过程也是产品设计质量的实现过程，在已提取的产品设计质量特征的基础上，建立面向产品设计质量特征的设计过程的第三个环节。首先从产品全局设计过程的层面明确了各个设计阶段主要对应的产品设计质量特征，并将各类设计质量特征有机地融入产品设计过程中，建立了面向产品设计质量的全局设计过程。然后在此基础上，从产品设计质量层面对各类设计质量特征的优化设计过程进行分析，建立了面向产品各类设计质量特征的设计子过程，这种先从全局过程层面，再从设计质量层面建立面向产品设计质量的设计过程的方法，有利于针对产品各类设计质量特征进行有效的设计，从而保证整个产品的设计质量，弥补了以往设计过程中缺乏针对具体设计质量特征进行设计的不足。

此外，建立了面向产品设计质量的控制模型、控制机制及控制决策。在上述面向产品设计质量的设计过程中，由于受到设计人员认识上的限制、企业资源的限制以及来自产品全生命周期其他阶段的各种约束，使得在产品设计过程各阶段中的设计质量特征很难得到100%的实现，即在每个设计阶段中都或多或少存在着质量损失。另外，缺乏有效的产品设计过程控制方法，也是造成产品设计质量损失的主要原因。因此，基于产品设计过程，建立面向产品设计质量的控制模型并制定相应的控制机制及控制决策来有效地控制产品设计过程实现产品设计质量目标是本书研究面向产品设计质量进行产品设计的第四个环节。

产品设计间竞争市场的角逐直接反映在产品的性能、质量、品种、交货期、服务等方面。也就是说，在商品经济中，谁的产品技术先进、质量可靠、价格低廉、服务周到，谁就能在市场这个大舞台上扮演主角，就能求得生存和发展。否则，就会难立于市场舞台。所以，新产品的开发与设计需要提高产品质量，才能使产品设计生存和发展。

1. 用户的价值体系

用户的价值体系在产品选择和使用过程中起着举足轻重的作用，用户往往看重产品提供的各种价值也希望能够实现自身的期待价值。用户价值体系是用户价值的体现和来源，企业在产品设计前期应把用户价值体系作为用户研究的一部分，通过对其的研究来了解用户的需求特点，设计出满足用户价值的产品。可以说，用户价值体系不仅是一种销售策略，更应将其带入产品设计策略中，在新产品进入市场前对产品发展起到一定的导向作用。

国外许多学者提出了对顾客价值的不同理解，从顾客角度出发，在各自的文献中其使用的如价值、顾客价值、使用价值等不同术语，都是较为深入地探讨和阐述顾客价值。我比较认同伍德鲁夫（Robert B.Wood）的定义，他提出顾客价值，是顾客在一定的使用情景中对产品属性、产品功效以及使用效果达成（或阻碍）其目的和意图的感知偏好和评价。他指出顾客价值是用户在特定的使用情景下对产品的属性、功效以及使用效果通过自身的感受与经历所得到的感知、偏好和评价。

产品是用户为了达到用户深层的意图而存在的，在进行产品设计的时候不仅要关注产品，更要对产品背后的决定主体——用户进行研究，了解用户的价值需求。用户通过产品所带来的价值满足，而与产品建立情感依赖，用户价值是用户研究中的重要组成部分，其构成要素又是其中值得探讨的重要部分（图2-15）。

图2-15　用户研究

希斯特提出顾客价值构成的5个部分即功能、情感、社会、探知、情境。他认为这5种因子在顾客进行选择商品时有可能只受其中的一种或两种以上，甚至五种价值的共同影响。本书在希斯特的价值构成理论的基础上把用户价值构成的因子分为：功能性因子、情感性因子、社会性因子、情境性因子。这些因子在用户价值体系里也可以称为功能价值、情感价值、社会价值和情境价值，这4种价值构成了用户价值（图2-16）。

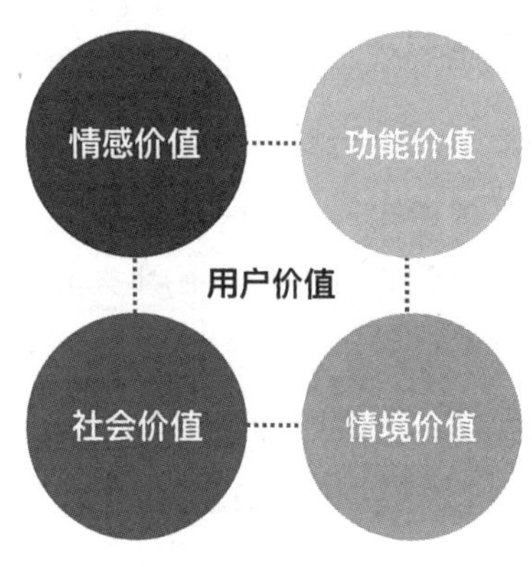


图2-16　用户价值构成

1）功能性因子

产品能够带给用户解决问题的能力，强调本身所具有的实体或功能价值。这种能力可以满足用户对产品本身功能或效用上的需求，使用户感受到提高利益或减少成本的效用。产品功能要求是用户需求中优先级最高的要求。用户价值角度的产品功能属性是用户获得感知偏好的主要来源。

简言之，当一个产品或品牌具有某些功能上的属性，且能满足消费者使用该产品功能上的目的，则此产品具有功能价值。也可以说是提供给用户满足其最基本需求的价值，在用户价值的构成中它主要来源于产品这一客体对象。

2）情感性因子

用户当对产品的功能得到满足后就会考虑到产品对用户精神层面的影响，当一种产品引起用户的渴望感情抒发时，让用户对产品产生喜爱之情、偏好之情，那么这个产品或服务则存在一定的情感价值。同时在使用产品或服务的过程中，产品也能提供用户正面的情感比如喜悦、安全、好用等感受。这些情感感受都是用户情感价值得以实现后的表现，所以情感价值不仅要考虑产品的属性，也要考虑用户与产品互动中所产生的情感感受，情感价值是用户与产品或服务互动产生的结果。

3）社会性因子

产品也是用户在一定社会地位的象征，当在产品使用中实现用户的社会地位时，那么用户感觉从产品中得到了价值。一种产品能使用户与其他社会群体连接并产生效用时，则产品具有社会价值。它受到风俗习惯、地理环境、科学文化、经济状况的影响和约束，是产生用户选择满足社会性需要的产品的动机。很多时候用户选择产品时满足自身需要的产品特性与功能之后，特别看重这一产品是否能提升自身的社会地位，塑造社会形象或是满足内在的自我追求。在现在竞争的商品时代，这一特性十分明显。产品满足用户表现一个群体的特征时，同时使用该产品或服务能使用户的地位被他人所认可，那么用户的社会价值则得到实现。

4）情境性因子

价值是在产品与其使用者在某一特定的使用情境中创造出来的，情境是用户主体之外的一系列因素。用户对价值的判断是基于对使用环境的要求，在不同的情境下，用户对产品的偏好有所偏差。也就是说同一用户对同一产品在不同的使用情境下也许有不同的行为反应。使用情境变化，产品的属性、功效等也会发生变化。在同一情境下能最大程度满足用户价值的产品才能获得用户的青睐与偏好。

国外学者瓦因甘德将顾客价值划分为四个层次，即基本的价值、期望的价值、需求的价值和未预期的价值，各个层次都对应不同的顾客价值。

用户价值的层级模型由基本层、需求层、满足层、潜在层4个部分组成，由下往上代表用户价值越深层，用户层级越深入、越明确，那么产品的待开发属性也将潜力越大。所以企业就是应该最大限度、最大深度地挖掘用户的深层价值即符合目标意图以外的潜在产品属性，这是获得成功的关键。产品属性随着价值层级的深入实现而朝深层次发展，越往上越难以实现和满足，这也是产品设计策略的挑战所在。可以看出产品是用户价值体现或传递的载体，用户价值体现产品价值，而且用户价值驱动产品的属性开发。

1）基本层的内涵

基本层是用户对产品最基本、最显著的物理属性的评价，是产品满足用户最基本的效用价值。比如说汽车首先考虑的是它能不能代步。

2）需求层的内涵

需求层是在用户所处的环境和自身的能力，在特定的使用情景下希望产品或服务实现自己的需求，是用户期望产品满足自己某种需求的价值。

3）满足层的内涵

满足层是用户的需求得到了满足，并且实现了用户的价值。它是需求层的深层次。实现用户价值的这些产品属性也就是用户价值的满足层面。

4）潜在层的内涵

潜在层就是用户暂时没有满足的需要，但是用户又特别希望拥有它，在产品使用过程中，用户可能在某一些特定的情境下根据自己的情况产生一些特殊要求，从而满足自身的更高需求，这一层次是产品潜在属性的层面。

塞随莫尔指出用户价值是主观的，随用户的不同而不同，用户对不同产品的期望价值不仅在不同用户间会有差别，在同一用户不同时期也会有所不同，所以用户价值具有很强的动态性。不同用户会有不同的偏好，同一用户在不同情境下的不同时刻也会有大大小小的变化。第一次使用的用户可能更加关注产品的基本属性，习惯的用户可能更加关注产品带来的全面属性。用户价值也可能受用户本人使用经验的积累、需求的变化、情境的改变等产生变化。归结起来就是由于时间维度和空间维度的变化而影响用户价值的变化。在时间维度上用户由新用户变为老顾客并随着经验的积累对产品的需求也有所变化。在初期注重产品的功能性属性，然后是产品是否够档次，最后考虑该产品对健康以及社会层次方面，所以在进行用户价值研究时必须注意这方面的因素。在空间维度上用户价值会随环境的变化而变化，用户价值的体现主要在于用户与产品间的互动，所以用户价值受用户的主观因素影响比较大。在不同的环境下用户对产品属性的评价会不同，从而使用户价值发生变化。

用户价值与顾客的最终购买行为有着密切的关联，那么不同目标用户其类型也会千差万别。用户价值不是产品本身固有的东西，是用户本身可以感知并可以反映在实际行为中的主观意向，具有强烈的主观性和不确定性。它是和产品、服务、品牌的需求紧密联系在一起。同时由于个体和情境的不同，这种个性化表现其实是相对存在的。因此这种主观性实质上是个性化的显现，与用户的个体特征（如性别、年龄、教育、兴趣、品位、经验、需要等）有着密切关系。因为不同的价值观、文化背景、教育层次等各种因素都会使得用户价值具有个性化倾向，同时也会对用户价值有一定影响。

2. 用户价值构成与产品设计决策

在现代产品设计策略中，用户处于中心位置，设计者对使用者的生活方式，需求和价值必须与用户站在同一角度产生共鸣。产品本身就是企业竞争力的体现，给用户提供所需产品是企业设计策略的核心。它是用户价值的载体，很多情况下，用户绝大部分的价值是从产品本身所获得的。

由此，用户价值是用户研究中的重要部分。其构成也在产品设计策略中占有重要地位，用户价值构成的4个部分在产品决策中的重要性：

1）功能价值属于产品最基本的本质属性，同样的产品如果在功能上能够领先于竞争者，给用户提供更好的使用体验就会更容易吸引目光。产品设计开发时，准确把握这一用户价值的需要是决策者赢得市场的利器。

2）情感价值来源于产品色彩、造型、材质等方面的亲和力以及在使用过程中与产品对象产生的互动是否人性化（图2-17～图2-20）。对于很多日用品而言，产品的质量已不是人们担忧的内容，性能也大同小异，品牌形象不相上下，外观就在很大程度上影响了人们购买选择的行为。产品外观是否美观、大方、有创意，与使用环境是否匹配在很大程度上影响产品决策，许多用户甚至愿意为有创意的产品外观接受更高的价格。

3）情境价值要求在产品决策时必须预测用户所能面对的不同情境以及如何才能使产品价值最大限度地满足用户价值，培养忠诚度高的用户群。针对这一价值，

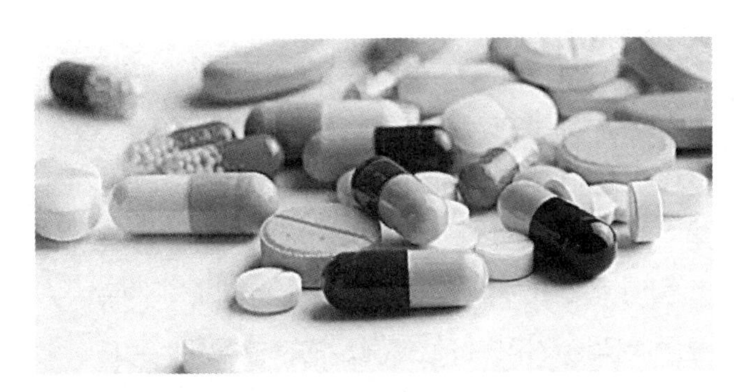

图2-17　彩色药丸

图2-18　烧饼形笔袋

图2-19 汉堡形床品

图2-20 树形座椅

产品决策者必须考量有形产品和无形产品对用户的不同驱动。有形产品是产品实体本身，而无形产品意指产品的服务特性，务必使产品能够全方位带给用户更高价值感受。

4）根据马斯洛（Abraham Harold M）的需要层次理论及用户价值需满足的精神需要，用户需要在选择、使用过程中获得归属感或通过其行为所获得的自我尊重、知名度、社会地位等心理需要的价值，这就是社会价值对用户价值的影响。用户行为是实现自我需要的手段和工具，社会价值往往在某些场合起到决定性作用，在产品决策时，社会价值必须对研究的范围进行评估考量。在实际的操作过程中应是多个价值构成因素平衡的结果，构成因素之间常常存在着多种联系。这些价值构成有些是彼此交叉相辅相成的，而有些又是相互矛盾存在，所以必须协同平衡使其最终产生均衡的结果，在进行产品策略用户研究时，准确把握价值的构成是一种有效而实用的方式（见图1-8）。

用户价值体系是产品设计策略中对用户研究的一个有效的方法，但是面对我国产品设计开发的大环境来说，用户研究还处于起步阶段，那么对用户价值及构成的研究还没有形成一个完整而有效的方法。产品设计中用户价值构成的研究是一个值得进一步发展的课题，同时所涵盖的范围也比较广泛，本书虽然在产品设计策略中对如何运用提供了些许参考，但在深度和广度上还有待加强。

交互设计思想是对产品设计理念的创新和挑战，其意义和方法已超出了计算机科学领域的软件设计范畴，其核心是通过交互产品的设计在技术和人类之间寻求平衡，使人在与产品的交互过程中不仅能达到特定目标，而且得到感情上的愉悦和精神上享受。在产品设计中，工业设计师要追求产品的用户体验，使产品与使用环境之间的协调以及尽可能减少“认知摩擦”，采用交互设计才是正确的选择。

# 第3章

# 产品设计的突破性与创新

产品设计以用户为中心的设计思想，来源于对用户需求和价值的深入了解，并解决人们生活中的诸多问题。这些都是产品设计的目标，以目标为导向的设计显得尤为重要，意味着“在自上向下的产品开发的流程中通过定义特定的产品需求，基于研究以及用户需求的交互行为而进行设计的一种理念”。而用户的需求是随着社会的发展而不断变化的，那意味着产品设计也需要不停地进行突破性和创新。特别是在市场竞争激烈的今天，创新设计成为世界经济新的增长点，创意产业也成为产业经济中重要的组成部分。

## 3.1 战略的存在

设计战略是在符合和保证实现企业使命条件下，确定企业的设计开发与市场环境的关系，确定企业的设计开发方向和设计竞争对策，确定在设计中体现的企业文化原则，根据企业的总体战略目标，制定和选择实现目标的开发计划和行动方案。

设计战略是企业经营战略的组成部分之一，是企业有效利用工业设计这一经营资源，提高产品开发能力，增强市场竞争力，提升企业形象的总体性规划。设计战略是企业根据自身情况做出的针对设计工作的长期规划和方法策略，是对设计部门发展的规划，是设计的准则和方向性要求。产品设计战略是企业经营战略中重要的一环。

### 3.1.1 对产品和品牌的投入

品牌的概念可追溯到19世纪早期，国外企业界就在品牌形象、品牌认识、品牌推广、品牌资产等范畴投注了大量的努力，相关著述与文献也颇受重视，终至今日使品牌建立成为市场营销策略中不可或缺的重要组成部分。美国行销协会对品牌的定义与品牌相关用语所做的解释是：品牌的名称、字句、标志、符号、设计或它们的组合使用，目的是要区分一个或一群销售者的产品或劳务，不致使竞争者的产品或劳务发生混淆。在设计过程中，思维需要经过多次跳跃，从自然界的生物到产品，把本来没有联系的东西联系在一起，必须经过思维中的飞跃，是思维潜能的突发和质变。主观经验和客观信息通过联想、想象后联系起来，能引起其他人更广泛的联想，增加了它的趣味性。

品牌包装的系列化设计策略是将品牌的视觉符号最大限度地融入到包装设计上，形成独有的品牌个性和品牌文化内涵，以区别于竞争对手的产品和服务。在表现形式上，以系列化包装的形象特征为切入点。系列化包装的最大优势就在于品牌所形成的整体效果极佳，视觉传达性强，易于识别辨认，具有记忆优势。对企业来说，优化了产品的多样性、组合性、统一性。无疑形象群体化、系列化的包装强化了品牌形象，提高了企业的知名度，有利于产品的开发和拓展，提高了企业的核心竞争力和形象力。同时，系列化包装产品能满足适应消费者更多的物质与审美的需求，体现了品牌包装的人性化关怀。保健酒包装运用动态媒介特有的互动性特征，注重媒介传播的持续性、有效性和可信度；使信息设计空间从二维扩展到三维，甚至多维，将信息以一种更灵活、更具变化的方式呈现给消费者，缓解信息接收给消费者带来的解读压力，使消费者的主动性和选择性得到空前的释放。

新世纪互联网的高速发展，全球资讯共享，使任何新兴的文化形态、艺术形式和观念相互影响，令当今人类文化呈现出更加繁复、多元的特征。作为信息交互的设计系统，包装视觉传达的整合设计通过“跨学科性和集成性”从设计理念到形式表达都促进了视觉艺术和文化美学的发展，使大众传播转变为互动式传播，但如何更有效地传达信息实现整合设计的价值，还需要设计师专门去研究和实践。

在物质需求得到满足的今天，人们开始追求更高层次的需求满足：对情感的需求以及对生活质量和生活情趣的追求。产品仿生设计所追求的使用方式——情趣体验正好与人们的需求趋势不谋而合，仿生设计追求的是对生活中平常事的创意表达以及生活细微中的动人之处，给人一种发现与体验的快乐，传达给体验者对生活的热爱和对美的向往。产品仿生设计中人文性的表达方式表现在产品的外观和使用方式上，让消费者有一种熟悉的归属感。这种设计风格的形成和迅速发展，是与社会文化背景密切相关的。如图3-1是一个基于花风的形状及结构的Lamp Bloom吊顶灯，照明度可通过对花瓣开合度的控制实现调节，而除了这简单的遥控控制外，也可使用传感器让吊灯实现有趣效果，比如加入感光元件，让灯具在黑暗中自动将花瓣打开，绽放灯光。Lamp Bloom的设计让人产生花开的联想，从而带给人们返璞归真，回归自然的情感需求。

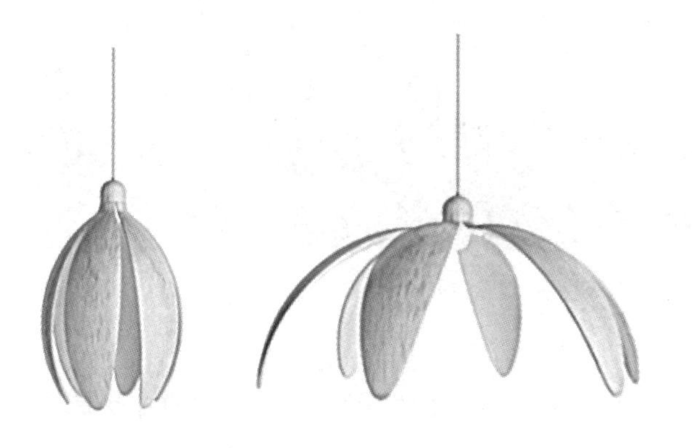

图3-1 Lamp Bloom

## 3.1.2 产品形象与品牌形象的确立

目前关于品牌的定义有很多，不同的定义反映了人们对品牌理解的倾向性，也反映了对品牌重要性认识的深化。下面是一些具有代表性的说法：美国著名品牌研究学者杜纳科耐普认为："品牌是某产品或服务拥有的广为认知的名字"。美国学者凯文·莱恩凯勒认为："品牌就是区别一个产品与别的产品的特征"。广义上的品牌是指以某些独特品质属性为特征的事物的集合。我们通常说的品牌是指一种精神联系，无论是文字、形象或情感，抑或三者的结合，还是某个产品、组织、名人、地域或国家。企业品牌是消费者对企业的形象或产品形成的概念过程，企业也试图影响消费者头脑中所形成的概念的特性和联系。它可以为利益相关者创造价值，是一种"声望经济"效应。在当今的市场经济条件下，人们对品牌已形成一种共识，即品牌不仅是表示商品或服务来源的标志，而且也是企业商品或服务的市场信誉、市场占有率和市场竞争力的集中体现，其发展水平乃是衡量一个国家、一个地区经济科技水平的重要标志。

品牌资产对企业组织的各个关系层面均产生价值。对企业来说，品牌可带来商誉、利润、资金和营销投资效应；对投资者来说，品牌可带来股值、信心意愿；对顾客来说，品牌可带来产品保证、形象和身份。品牌正在当今的经济生活中扮演越来越重要的角色。品牌是产品或企业核心价值的体现，是识别产品的辨别器，是质量和信誉的保证，是企业竞争的工具。品牌是产品或企业核心价值的体现，企业创建品牌，其目的不仅是为了方便将产品销售给目标消费者，而且要使消费者或用户通过使用对产品产生好感，从而重复购买，不断宣传，形成品牌忠诚。

消费者或用户透过品牌，通过对品牌产品的使用，获得满足感，就会围绕品牌形成消费经验，存在记忆中，为将来的消费决策形成依据。在这一过程中，消费者通过使用产品产生对品牌的认同，实际也是对品牌所代表的产品或企业核心价值的认同。比如麦当劳，消费者在麦当劳餐厅就餐实际上是其反映的美国快餐文化和生活方式的品牌扩张。品牌识别和品牌形象实际上是一个事物的一体两面，二者之间既有区别又有联系。简单地说，品牌形象是品牌识别的顾客感知，而品牌识别是指导品牌形象建设的基准，因此，美国著名的品牌问题专家大卫·艾克提出的品牌识别系统的构建（图3-2），对我们认识品牌形象有着重要的参考价值。

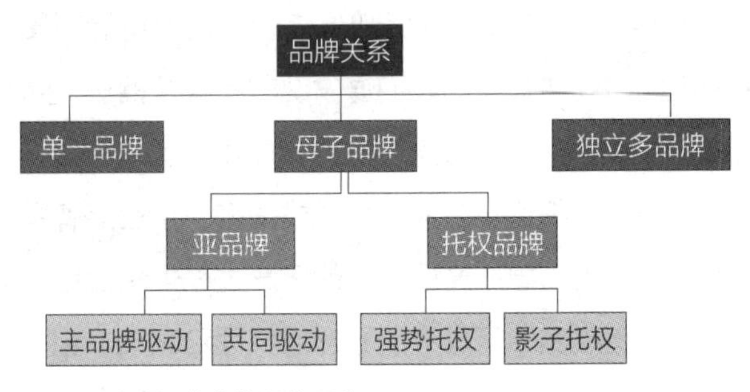

图3-2 大卫·艾克的品牌系统

### 3.1.3 品牌形象战略

品牌形象是一种长期的战略，因此不能仓促推出。正因为它的长期性，所以要改变一个已在多年实践里形成的固有形象是一件极不容易的事情。而目光短浅地一味搞促销、削价及其他类似的短期行为的做法，无助于维护一个好的品牌形象。而对品牌形象的长期投资，可使形象不断地成长丰满。人们对于“麦当劳”这个品牌会感到一种美国文化、快餐文化，会联想到一种质量、标准和卫生，也能由“麦当劳”品牌激起儿童在麦当劳餐厅里尽情欢乐的回忆。

1. 品牌是识别产品的辨别器

品牌的建立是由于竞争的需要，而用来识别某个销售者的产品或服务的。品牌设计应具有独特性，有鲜明的个性特征，品牌的图案，文字等与竞争对手的区别，代表本企业的特点。同时，互不相同的品牌各自代表着不同的形式、不同质量、不同服务的产品，可为消费者或用户购买、使用提供借鉴。通过品牌人们可以认知产品，并依据品牌选择购买。例如人们购买汽车时有这样几种品牌：奔驰、宝马、沃尔沃、桑塔纳，每种品牌汽车代表了不同的产品特性、文化背景、设计理念、心理目标，消费者和用户便可根据自身的需要，依据产品特性进行选择。

2. 品牌是质量和信誉的保证

企业设计品牌、创立品牌、培养品牌的目的是希望此品牌能变为名牌，为企业带来长久竞争优势，于是在产品质量上下功夫，在售后服务上做努力。同时品牌代表企业，企业从长远发展的角度必须从产品质量上下功夫，特别对于名牌产品、名牌企业来说，其品牌本身就代表了一类产品的质量档次，代表了企业的信誉。比如“海尔”，作为家电品牌，人们提到“海尔”就会联想到海尔家电的高质量，海尔的优质服务及海尔人“真诚到永远”地为用户着想的动人画面。再如“耐克”作为运动知名品牌，其人性化的设计、高科技的原料、高质量的产品，为人们所共识，“耐克”代表的就是企业的信誉、产品的质量（图3-3）。

图3-3 耐克运动品牌塑造的形象

品牌是企业竞争的工具，创名牌是企业在市场竞争的条件下逐渐形成的共识，人们希望通过品牌对企业有所识别，通过品牌形成品牌追随，通过品牌拓展市场。品牌的形成能帮助企业实现上述目的，使品牌成为有力的竞争武器。品牌，特别是名牌的出现，形成一定程度的忠诚度、信任度、追随度，由此使企业在与对手竞争中拥有了后盾基础。品牌还可以利用其市场扩展的能力，带动企业进入新市场，带动新产品打入市场；品牌可以利用品牌资本运营的能力，通过各种形式如特许经背、同管理等进行企业的扩张。总之，品牌作为市场竞争的工具常常带来意想不到的效果。

品牌最早来源于动词“标记”，它是随着最初的商品交换而产生的，也包括给牲畜打号的红色烙铁，以便于它们的拥有者识别。它非常形象地表达了品牌的含义，提起奔驰、微软、海尔等品牌，消费者头脑里不仅反映的是它们提供什么样的产品，还会联想到一系列与该品牌有关的特征。这些不同的评价和认知深深地印在消费者的思想和情感中，让消费者感到他们与其他同类产品之间有所不同，最终影响消费者的购买决策。消费者对品牌的这些不同的评价使得设计灵感来源广泛，有助于设计师开阔思路。

## 3.2 品牌与价值的存在

品牌标志是指品牌中大众可以辨认，但无法用言语表达的部分。譬如：米高梅影业的狮子标志（图3-4）。商标是指一个品牌或品牌的某些部分，而该部分已享有法律保护下的独家专用权。也就是说，商标可以保护销售者独家使用品牌名称或品牌标志的排他权利。从4个不同角度定义品牌：品牌是供消费者辨认的图案，用以区别于其他竞争者的产品。品牌可作为品质的承诺与一致性，能让消费者于购买之前就感受到其品质或附加价值。品牌是自我形象的投射，也是用来看自己和看别人的一种象征。品牌是产品的相对定位，是品质的保证及功能属性的集合，也是消费者购买决策的辅助。

全球最大的识别设计顾问公司——朗涛设计，其顾问群对于品牌有以下的定义：“品牌不只是一个名字而已，如果要和产品加以区分的话，产品可以说是一个材料，但品牌却是一种形象的识别”，“品牌即是企业与自身销售的产品或服务附加象征企业形象的符号，令消费者容易辨识其产品或服务”。品牌是一个能传达价值的工具，能将来源或生产厂商的名称，借由记号赋予产品或服务，促使消费者能借由品牌辨识产品或服务的制造商和提供商。品牌能为企业塑造竞争优势，其基本特征具有特定的名称、文字、符号、图案及语音等，学者认为“品牌是种形式的特征，可作为记号被识别及区隔，因此能为形象奠定基础”。

综上所述，学者对于品牌的定义，可以了解品牌本身为一组可提供消费者辨识的名称、符号、设计或其他要素的组合，对于企业的产品或服务能够提升价值，并提供品质保证，也能让消费者在市场中易于识别，进而与竞争者有所区别达到差异化。因此，品牌可形成概念并为其形象奠定基础。而在当今激烈的市场中，建立一个强势的品牌必须具备识别性及传达性，才能在众多的品牌中立足，市场上的品牌竞争日益加剧，面对产品同质化的消费时代，品牌形象风格识别和产品的包装设计在企业品牌营销活动中扮演着不可或缺的重要角色。

图3-4 米高梅影业的狮子标志

# 第4章

# 产品设计开发中的交互设计

## 4.1 交互设计的提出

交互设计，又称互动设计（Interaction Design，缩写IxD或者IaD），是用来定义设计人造系统行为的设计领域。人造物，即人工制成物品，例如软件、移动设备、人造环境、服务、可佩带装置以及系统的组织结构。交互设计在于定义人造物的行为方式（Interaction，即人工制品在特定场景下的反应方式）相关的界面。交互设计作为一门关注交互体验的新学科在20世纪80年代产生了，它由IDEO的一位创始人比尔·摩格理吉（Bill Moggridge）在1984年一次设计会议上提出，他一开始给它命名为"软面（Soft Face）"，由于这个名字容易让人想起和当时流行的玩具"椰菜娃娃（Cabbage Patch doll）"，他后来把它更名为"Interaction Design"，这就是交互设计（图4-1）。

图4-1 比尔·摩格理吉设计的第一台笔记本电脑GRiD Compass

### 4.1.1 产品设计到交互产生的认知

自从人类开始有意识地制造和使用原始的工具和装饰品，到原始社会的后期开始，经过奴隶社会、封建社会的手工艺设计和制造，再到工业革命开始后的工业设计的大范围推广和应用，人类社会已由长期的个体手工劳作跨入了机器大生产的时代。从满足原始的需要开始，我们便学会了造物，设计的范围也随着社会的发展、科学的进步不断延伸和扩充着，它源自于人类对自身的不断思考。设计的发展史是一部精神文化和物质文化的发展史，是一部人类的进步史。随着从工业时代（卖方市场）到经济时代（买方市场）的过渡，我们对产品的设计不再只是关注于单纯的"造型"设计、功能设计以及价格是否有竞争力。新的时代对产品提出了新的需求，"以身体之，以心验之"，消费者渴望得到一种前所未有的崭新体验。在科技和生产力高速发展的今天，物质需求不再是主导需求，取而代之的是精神需求和情感上的需求。随着未来信息的进一步发展，用户、产品和环境要求与交互相关的设计活动必然要在一套全新的设计理念的指导下进行。

针对产品设计过程中产生认知上的矛盾，工业设计领域将交互设计的思想导入工业产品设计系统，人性化、情感化的交互设计才是解决矛盾的主要办法。本节以交互设计理念应用于以产品设计为切入点，在理解交互设计核心理念的基础上，分析了基于交互设计思想的工业产品设计流程，并以此为基础提出了交互式产品设计需在人性化设计、情感化设计等多种理论的指导下进行，以及在满足可用性、易用性的同时，还应注重用户的心理需求，适度的运用交互技术，使交互理念更轻松地融入人们的日常生活之中。我们的设计就是为了创造更好的生活。

交互设计就是为了产品交互系统的和谐，用和谐作为核心来探索新的产品设计理念。从产品设计角度可以认为交互是作为服务使用者的用户与服务提供者的产品之间的行为互动及信息交换过程。交互的基本特征是：两个以上的参与对象；对象之间伴随信息交流的交互行为。

产生认知摩擦的原因及解决认知摩擦的存在，使用户与产品系统的交互存在问题，其主要原因是设计师将自己想象为使用者，在设计过程中缺乏对目标用户、交互行为以及用户场景的了解，使用户无法通过产品系统的表象认知设计师的意图，于是产生了认知鸿沟。Rorman用设计模型（表达设计师的设计概念）、用户模型（用户对系统的理解）和系统表象模型（基于系统的物理结构，包括用户使用手册和各种标示）对认知鸿沟进行了分析：设计人员希望用户模型与设计模型完全一样，但问题是，设计人员无法与用户直接交流，必须通过系统表象这一渠道，如果系统表象不能清晰、准确地反映出设计模型，用户就会在使用过程中建立错误的概念模型。存在“认知摩擦”与技术的应用有关，但更主要的是由于不合适的设计造成的。Cooper认为“解决由技术带来的认知摩擦最好办法就是交互设计，它能让我们的生活更舒服，让机器更智能，让技术更人性化”。

交互设计不同于传统意义上的产品设计。产品设计与功能、结构、人机、形态、色彩、环境等设计要素以及采用的技术、方法和功能的实现手段等相关，是间接影响产品最终用户的设计。交互设计强调的是用户与产品系统的交互行为、支持行为的功能和技术以及交互双方的信息表达方式和情感等，是直接影响产品最终用户的设计。采用交互设计的思想和方法，不仅可以解决由于“认知摩擦”使之忍受，“要想弄明白操作方法，你需要获得工程学学位”的无奈，而且可以为人们的生活、工作和娱乐提供舒适生存方式的交互式产品。由此可以认为：交互设计能超越传统意义上的产品设计在于设计的产品应具有良好的交互功能，即在使用产品过程中用户能感觉到一种体验，这种体验是由于人和产品之间的双向信息交流所带来的，具有“很浓重的情感成分”。

交互设计思想在产品设计上的应用表现；在视觉上，图像是人获得信息最初步的来源，是对事物最主要的判断，是人体对外部世界的感受的第一印象。科学研究表明，人类信息传递主要通过语言、文字和图像处理三个渠道。而且有70%以上的信息来自视觉系统。传统的视觉传达方式已不能完全满足信息传达的需求。随之而来的是新媒体。作为新技术和新媒介条件下的特定传达方式，它吸纳传统媒介的优势，结合互联网及各种交互技术，更有效地实现信息传播，逐渐成为视觉传达最主要的方式。所以，对视觉交互的研究对产品设计创新有着重要指导作用。例如图4-2中所示的PHILIPS simplicity event研究项目中的The Wake Up Light设计。由于人类的身体自古以来的“日出而起，日落而息”的生物特性，在太阳升起时光线的逐渐变亮，人类的身体会自然地苏醒。人类的身体与太阳的运行节拍高度吻合，这样模拟朝夕变换就非常有利光线的合理传达。Royal Philips Electronics利用这种模拟，研发一种新型的、医学上可行的唤醒灯。这种唤醒灯会发光，并逐渐增加光强至你设定的强度，这是模拟太阳升起时卧室里的情景，由此方法轻轻地使使用者的身体作好苏醒准备。灯光照在你的眼睛上，并向大脑发送信号以减少褪黑激素（催眠激素）的分泌。30分钟后，灯光逐渐增强到最理想强度，并在设定的时间唤醒你。这样的唤醒方法令人愉悦，使使用者感到精力充沛并且乐于起床，并且灯光的强度可以根据个人喜好来调节。

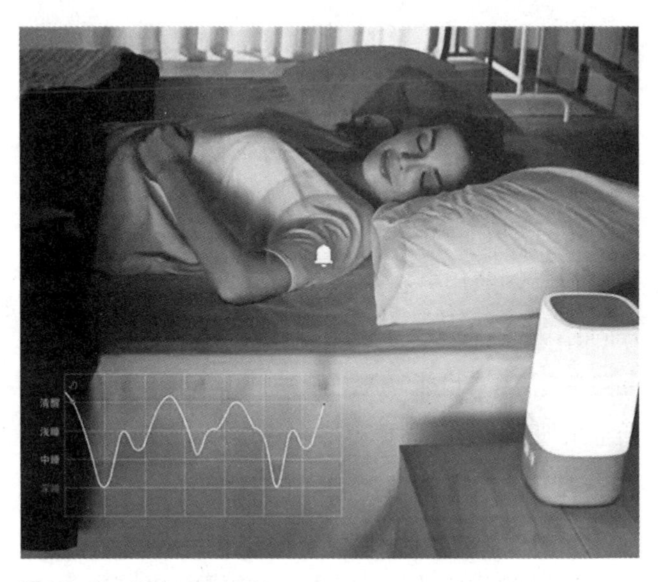

图4-2 The Wake Up Light

听觉上表现在产品交互中主要是以操作反馈的形式存在。例如手指敲击键盘的清脆响声让人觉得欢快而有趣；宝马车关门的声音让人联想到其品牌的质量感与速度感。声音交互会引导人的动作行为，产生意想不到的体验效果。在Hello Kitty 30周年之际，日本商业设计研究所和NEC系统科技、双叶产业三家公司推出的Hello Kitty机器人。如图4-3所示，该产品预先备有语音识别系统，能利用内置的CCD相机认出人脸，是一款以丰富多彩的会话为主要卖点的可爱型机器人。因此在嵌入的针对各种情况的2万种会话内容中主要以包括饭菜、减肥、购物、健康饮料等方面为主。当Kitty识别听到的话语后，就会利用合成声音做出回应。随着亲密度的增加，Kitty的语气还会发生相应的变化。此外，“Hello Kitty Robo”本身提供了星座占卦、唱歌等有趣功能。

图4-3 会说话的Hello Kitty机器人

触觉上表现在以手势体现人的意图是一种自然原始的交互方式，几千年人类的进化中和发展中，例如图4-4所示的多点触摸技术（Multi-Touch）。以前的触摸屏只能辨认一个点，多点触摸能准确地辨认多个点，允许用户多个手指同时操作，甚至多个用户同时操作。通过手指的多点触摸，用户可以与产品自由交流，并且能够通过多个触摸点的运动变化特征来判定人的操作指令，使整个操作过程更加自然、有趣，改变了人和信息之间的交互方式。现在最流行的苹果平板电脑就是触觉交互的绝佳典范。

嗅觉和味觉在人的五感中占非常重要的位置，

图4-4 多点触摸交互

比如不方便移动的聋哑使用者，嗅觉往往会非常灵敏。这两个要素在目前的产品开发中还很少单独应用，一般配合相应的视觉场景，再展现相应的味觉效果，营造出一种美轮美奂，身临其境的神器感觉。从而增强用户的体验。比如4D电影（图4-5），电影院中会释放与情节相关的气味，比如电影中的角色喷了香水，那么观众就会体验到香水的味道，从垃圾堆经过会闻到臭味，等等。从而加深电影体验的情节感，更加身临其境。

图4-5 观众在观看4D电影

产品交互设计的历史并不长，主要从较初期的计算机软硬件开发和应用中的评估结果逐步发展出一套较为完善的人机交互理论，通过几位拥有社会学和人类认知背景的专家逐步把这套理论延展至人们日常生活的各个方面，并渗透到工业产品设计领域。最早的记录约在1997年（个人计算机技术跃上腾飞和普及化的开端时间）左右，由Winograd.T的《From computing machinery to interaction design》（从计算机到交互机器）和《Beyond Calculation》（超越计算：未来五十年的计算技术）等，在这些书中，作者陈述了交互设计为何独立于现有领域的设计或计算学科，所面临的新要求和新的挑战。

从人机交互开始，交互设计已经从工具走向时尚。虽然交互设计在当今的许多产品设计中被不断应用，但是仍然有大部分产品没有以带给用户体验为的目的的设计，没有实现真正的与人沟通交流。所以我们必须更深地加强交互设计的设计方法在产品设计中的实施。最初的交互设计大部分只注重视觉交互和听觉交互，没有系统地把交互设计的所有内容涵盖在内。现在的交互设计正在以飞速发展，越来越多的新内容纳入交互设计内，比如用生态学的框架纳入交互系统中，作为系统的基本设计框架。交互设计目前已经成为一个重要的商业领域，娱乐、展览、高科技信息产业、电脑、电话行业都意识到交互设计对他们的产品成败起着关键作用。好的交互设计可以成功地打造一款产品，乃至可以成就一家公司，比如IDEO设计公司。它是国际领先的交互设计咨询公司之一，该公司的产品设计十分强调人机交互关系，使人们能以自然、方便的方式实现人与机器之间的信息传递。它在全世界设立了多个分公司，在该领域内有20多年的经验，专门为其他公司设计产品、服务及工作平台，为无数客户开发了千余种产品。IDEO提倡新型的用户体验，所以它的每个产品都体现了IDEO独特的“以用户为中心”的设计思想。对体感交互的追逐，游戏界永远走在前列，继任天堂在2006年11月19日推出带体感控制器的游戏主机Wii（图4-6），Sony在2010年9月推出高精度动态体感控制器Play Station Move之后，微软在

图4-6 Wii

2010年11月4日推出Xbox360游戏机体感周边外设Kinect（图4-7）。Kinect完全抛弃了任何外界设备，以革命性的方式，将体感交互融入了玩家的生活中。不但能识别玩家身体的动作，而且还可以辨识玩家的语音，正如微软的slogan“You are the controller”所言，你自己就是控制器，你再也不会呆坐在沙发上，不需要去适应游戏手柄上的摇杆和按键，用身体和语言即可直接控制游戏，上手简单，轻松直接，毫无束缚。

图4-7 Xbox360 Kinect

又如现今伦敦房地产商的营业门口都有带有触摸功能的交互式展板，即使在高亮度环境也能给予潜在用户最大的吸引和影响。无论是看一个简单的图片说明或完整的多媒体演示，都可以为潜在客户提供最好的交互经验。而且不只是房地产，在餐饮业、汽车租赁以及越来越多的行业开始发现交互橱窗所展现的交互性的优点，这种新式的交互式橱窗不仅可以吸引街上路过的行人，而且还具有把他们变成自己客户的潜力（图4-8）。

产品创新的有效途径是设计。后工业时代的设计

图4-8 交互式橱窗

不仅包括有形的设计，也包括许多看似无形的设计，例如交互设计中的网页设计、软件设计和其他信息界面的交互设计等。信息时代的设计正在由工业时代的物质设计转向新时代的非物质设计。用户体验和人性化、个性化、情感化设计正在成为新时代人们所关注的对象。交互设计的发展，提升了产品功能上的创新和产品本质上的设计改变，让产品与使用者达到一种情感上的沟通，给人们带来更多的使用体验记忆和乐趣，让产品引起人们的情感共鸣，满足人们心理和精神层面上的需求，让人们能更好地使用产品，在使用过程中所带来的体验捕获用户的心。交互设计顺应时代发展，体现科学技术高度关注用户需求，给产品带来强有力的生命力，把产品设计带入一个新的境界。在未来，交互设计必然越发重要，并会更广泛地应用于设计领域中。交互设计思想在工业产品设计领域的影响不断深入，其应用已不仅限于计算机相关产品领域。基于交互设计思想的工业产品设计系统，优化了产品设计部门及人员构成，提出工业设计师、交互设计师与其他设计人员共同协作地以交互设计思想为核心的设计流程，它为工业产品设计开发提供了一条新的思路。

正如我们开始所说的那样，我们现今社会的发展正在信息社会过渡时期，可以说我们正在经历从工业社会到信息社会的转变。这个转变是令人难以置信的转变，我们从一个追求机械性能和大规模生产的时代逐渐跨入一个数字化的，以加工、传递和分部信息为对象与设计目标的时代。这种转变预示着信息时代的来临。当我们的社会发展到信息社会时，社会的生产模式、社会文化、消费方式、产业结构以及社会和用户需要等特性都会发生巨大的变化。

在信息化时代，人们对产品的需求发生了改变，不再只关注外形和经济效益等方面，而是关注自身从产品能获得什么样的使用体验。新时代的产品对人而言带来了两方面的效应：一方面是由于技术的进步，产品功能带给人很多前所未有的体验，人类社会在进入数字时代的同时，也进入了体验经济时代；另一方面人们在集合了诸多先进功能的高科技产品面前非常困惑，过多繁杂的设计令使用者不知所措，不知怎样才能够实现它们的功能。要解决这些问题，笔者认为只有采用交互设计的方法。在信息时代的产品设计中如何进行“人性化”“情感化”的设计理念，交互设计提供了一个行而有效的方法。对信息时代的产品而言，产品交互设计是建立在人们需求飞速发展与科学技术飞速发展的基础上，这就为信息时代迅速出现的各种新技术在具体产品中的应用提供了途径。从用户体验出发的交互设计的本质更加符合信息时代体验经济的要求，让使用者能对产品有渴望使用的感觉，了解使用者的渴望，给使用者制造体验的惊喜，能让使用者轻松有效地使用产品。产品交互设计的可用性和体验性目标满足了信息时代中人对产品的要求，符合“以人为本”的基础设计准则。加上情感化的交互设计，使产品更加符合消费者的心理需求。因此，在信息时代的产品设计中将产品交互设计作为理论指导是有意义的。

良好的交互设计能通过多种方式帮助人们提高生活质量，交互技术有着非常广阔的前景和巨大的发展空间。生产力与生产技术的发展使人们对生活质量的需求进一步达到满足。远观交互设计的发展，它和工业设计、人机界面设计、新媒体设计，乃至传统的各种设计行业，都有很多交叉的区域和结合的空间。这些交叉学科和它所衍生的行业所生产的产品，必定能给予人们更多生活和工作上的惊喜，甚至能改变人们长久以来一如既往的生活习惯。放眼未来的交互设计，我们可能从以下几个方面来考虑：语音语言一直被公认为最自然、最流畅、最方便快捷的信息交流方式。以声音为主的信息传达方式可以减少沟通障碍，让人感觉亲切、愉快。在日常生活中人类的沟通大约有75%是通过语言完成的。语音交互就是研究人们如何通过自然的语言或机器合成的语音同计算机进行交互的技术（图4-9）。它涉及多学科的交叉，例如语言学、心理学、人机工程学和计算机技术等，同时对于未来语音交互产品的开发和设计也有前瞻式的引导作用。

人脸识别和表情识别技术正在不断地应用在高精尖科技上，这是一项新兴的生物识别技术。具有远程、高效、精度高等特点（图4-10）。

还有人的感觉与环境的可交互性。例如感应热度壁纸的设计就是一个很好的例子。它实现了把用

图4-9 语音交互

图4-10 人脸识别系统

户所处环境的温度变化通过一个开放的视觉化手段表现出来。当壁纸感到温度变化，壁纸上的花朵就会绽放，用户不仅仅是通过身体能感觉温度变化，同时也能通过视觉观察到暖气的工作情况或是温度的变化情况。还有好多例子我们不胜枚举。产品交互设计已经在我们的生活中随处可见，随着今后社会发展，我们越来越离不开交互设计，希望能通过交互设计在产品设计中的运用为产品设计的发展提供新的动力。

### 4.1.2 导向性设计方案的提出

20世纪是"生产率的世纪"，21世纪将会是产品质量世纪。在产品日益丰富的今天，每个设计师都应该有能力提供给人们一种使用产品时的满足感，这种满足感是一种无可比拟的幸福，而这种满足不是通过调查满意度得到的毫无生命的数字体现的，而是一种言传身受的心理感受。从视觉、听觉、触觉和嗅觉4个方面，结合实例说明充分利用感官特性设计产品，使产品更有吸引力，能给人类带来心理上的满足感，从而带动生活方式潜移默化的变化。

随着世界经济一体化，世界已经变成一个全球化的大市场，每个消费者都拥有相似的价值观、生活方式和同样对产品质量与现代性的渴望。那么他们是否同样拥有相同的情感体验呢？其实人们的基本情感反应与人性需求是相通的，但是，不同的文化背景却使不同地域的人们对相同的刺激有着不同的反应。产品设计情感意义的体验和用户的情感、情绪有关，情感可简单地分为积极的和消极的两种，积极的情绪不仅可以让我们感到生活幸福，而且可以促进社会的和谐发展。

当外界因素刺激人类的五官，使之产生视觉、听觉、触觉、嗅觉或味觉，而这些感受会带领人类认知和感受世界，拉近人与物的距离。近年来，随着交互技术的迅速发展，交互概念也越来越多地应用在产品设计中，产品设计中交互概念的引入，提升了产品的人性化和亲和力，引起人们的情感共鸣，满足人们心理层次上

的感受，让人们能更好地使用产品，让产品给人们带来更多的使用乐趣。

随着Web 2.0和多移动终端等的出现，科技发展与物质需求的提升使得设计开始走向实用设计的阶段，越来越多的专家研究并推崇令复杂信息更容易理解的设计手段，一部分可视化设计聚焦在传达精确的数据及统计信息上，另一部分则聚焦在传达抽象的概念上。在此前提下，交互色彩与传统意义上的色彩也发生差异性变化。相对于传统色彩，它更重视实用性，它的本质能更好地传达信息，用色彩引导用户获取信息，这是交互系统设计的一个重点。合理的交互色彩应该正确高效地引导用户，它超越了传统意义上的产品色彩并间接影响产品最终用户的设计，更强调用户与产品系统的交互行为、支持行为和技术以及交互双方的信息表达和情感等，直接影响产品最终的用户设计。

基于用户行为的情感导向：唐纳·诺曼在《情感设计》中将设计区分为3种水平：与外观关联的本能水平、与使用关联的行为水平和与记忆有关的反思水平。首先，设计中情感能够使用户心境愉悦，富有创造性，更能容忍处理设计中的小问题——特别是当这样做比较有趣时。其次，当人们焦虑时会更加关注，因此，在这种情形可能出现的情况下，设计者应该特别注意确保完成这件任务需要的所有信息都始终在手边，容易看到，确保设备对正在进行的操作有十分清晰明确的反馈。在使产品能够感知和推测人的情绪并做出相应回馈的同时，还能通过产品的表达，使人能感知到产品自身带有的情感，发生人机情感上的交互。Alberto Alessi在《The Dream Factory：Alessisince 1921》中指出：真正的设计是要打动人的，它能传递感情、勾起回忆、给人惊喜，好的设计就是一首关于人生的诗，它会把人带入深层次的思考境地。产品蕴含了赋予生命的情感，用户在使用过程中能感受到物质之外的信息交互。

审美情绪中的情感共鸣，情绪会改变人脑解决问题的方式，情感系统会改变认知系统的运行过程。美可以改变情绪状态，通过用户的审美情趣引导其对产品产生兴趣，可以让使用者与产品交互愉快的与其交流。舒特曼在《实用主义美学》中指出：美学是生命的边界和生活经验的学习。美学体验是一种潜在性的结果，人工制品和人机互动所产生的关联体验也是一种美学体验。美不仅是一种视觉，交互也是一种美。交互色彩的美学探讨基于人和色彩之间的交互内容及形式美感的表达，重点关注于在交互过程中所产生的美好经验，注重人与产品之间能承载的关系，美感来自于人与色彩交互过程中无碍的快速基本的沟通、生活经验的嵌入和环境的关系、经验人化的创造和保留等。腾讯CDC提出——手势交互DIY滤镜（图4-11），让使用者用最直观的方式来DIY自己喜欢颜色的浓度、强度和特效，人与色彩的互动变成一个更加有趣、更加个性化的体验过程。其次，色彩通过形式的基本语言唤起纯主观的审美快感，使人用起来愉快，增加产品的价值，吸引使用者快速引导对产品的使用行为。当用户对色彩产生美的感受时，不知不觉就会被其吸引，产生感情上的共鸣，这种感觉一部分来自于自然色彩的亲和力，一部分来自于观众的移情冲动，是观众内在需求或直觉的外在表现。

基于认知学的导向性行为：心理认知Alan Cooper在《About Face3：The Essentials ofInteraction Design》中曾经形象地描述过“现实模型”“表现模型”和“心理模型”之间的关系，表现模型越接近用

图4-11　腾讯CDC——手势交互DIY滤镜

户的心理模型，用户就会感觉产品越容易理解，这也说明了交互设计的色彩表现越接近用户的心理，其对用户的导向就越精确。生活中色彩对于人的心理影响有其固化的习惯性，通常所描述颜色的表现性，既是由物体本身所散发出来的特性，也是对这种特性的反应。比如对于物理上“冷”和“暖”的生理反应与对人的态度反应极其相似，暖色“与人为善”，冷色让人“望而却步”。设计师可以借助不同颜色的表现性，将不同的现实表现出来。色彩形象、直观和准确的隐喻，使用户能够“按色索骥”并提高满足感和成就感。例如：利用对品牌的色彩心理认知，同性质的同类网站主要是沿用自己公司主色系或Logo来做区分。苹果iPod播放器的按键锁定功能“HOLD”，当开关拨动到“HOLD”字样一边时，左侧便会露出红色，而拨动到另一边是没有颜色的，巧妙地运用色彩对人们心理特征的影响区分出HOLD的状态（图4-12）。

生理认知：注意是学习行为的基础，颜色是360~720nm之间的光波刺激人类的眼睛并由视觉系统进行处理后所触发的感知，是视觉中一种有效的区分维度。拥有颜色视觉的动物通过颜色这种强有力的、充满生气的能力对世界留下深刻的印象。交互色彩的关键内容先要做到让用户看到，其次让用户有点击的欲望，有色对象或区域并不是孤立存在的，都会与其他的对象或区域比邻或者重叠，产生对比效果，帮助人们在屏幕上分辨出不同的区域，除有助于理解外，对标识和保持也大有益处。色彩的这种性质经常用来对可操作、激活、提示和某些关键信息或者需要输入的重要元素的引导。此外，还要注意色彩的饱和度，当它达到一定的值，视觉神经会对此颜色产生兴奋，而每一种颜色因为主波长的不同，造成人眼兴奋的饱和度临界值也就不一致（图4-13）。例如饱和度较低的蓝色比较容易阅读，目前大多数门户类网站是使用饱和度较低的蓝色作为连接色，减少阅读时视觉疲劳出现的时间，增加导向持久性（图4-14）。

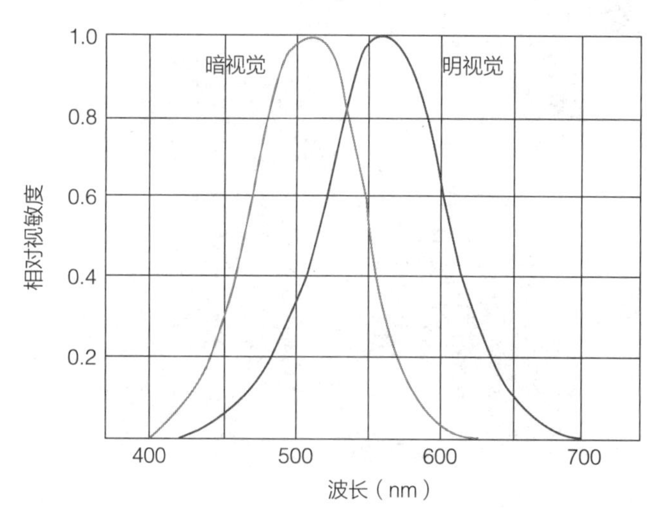

图4-13 颜色与视敏度

图4-12 苹果iPod播放器锁定按键“HOLD”

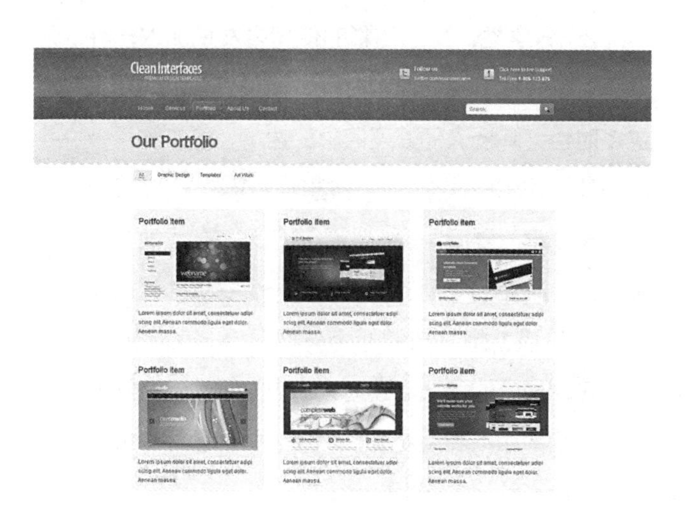

图4-14 蓝色网页设计

导向性设计原则：

1）和谐性。整体到局部的认知生理特征使得各个部分组合起来成为更易理解的统一整体。交互色彩的语义要自成体系、风格统一，有较好的视觉平衡性。注意发生在颜色内部之间的变形关系匹配，各种颜色之间形成一种交互作用的网络，使其在统一的整体中和谐起来，显示出令人愉快的统一感。另外，还要注意色彩与形状等外部信息的和谐。合理的色彩体系能降低用户的学习成本，完成简单有效的信息指引，通过颜色对信息进行标示（图4-15）。

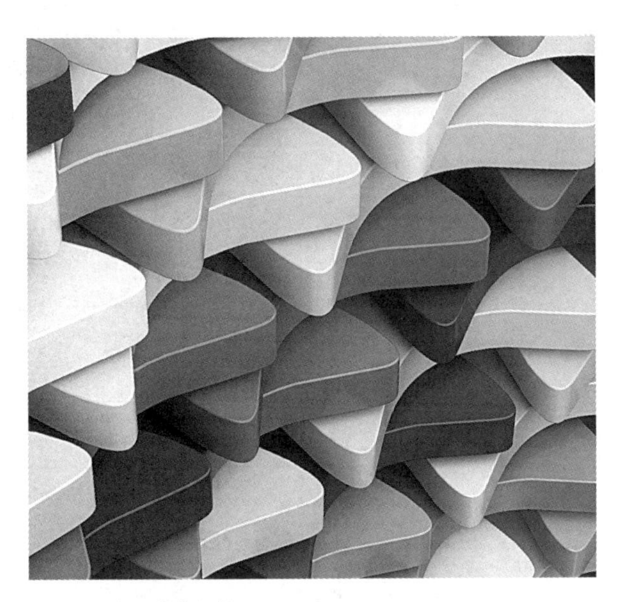

图4-15　色彩的指示性

2）科学性。交互色彩的使用中发现加入一种颜色可以大幅度降低搜索时间，但是当颜色信息量过多时也会降低人们处理信息的速度，这时候“被动关注”的用户往往会有“逃跑”心理，因此在色彩信息处理时要简明扼要，让用户关注在应该被关注之处。颜色的不同告诉人们每一个物体都有自己独特的特点，将其与其他物体区分开，但与此同时，色彩成分的增加会强迫人们去分析他们之间的关系，相同和不同点变成了思考这些问题的思维框架，增加了负担（图4-16）。

3）流畅性。远古狩猎思维引导的生存技巧使

图4-16　彩色圆点

人容易根据关系看待问题，使用者往往是视觉观赏者而不是数据处理者，因此，交互色彩对于信息的处理必须按照某种层次进行整理，围绕“快、明确、高效”的信息定位，提升体验的有效性和合理性，合理安排交互色彩的逻辑关系、包含关系和先后顺序等，符合人对自然的理解和表达，用户眼睛移动的轨迹应该是一条流畅的途径。图4-17为眼动仪实验中测试的视觉注意次序，合理的设计应该使用户的视觉与设计想表达的信息重要性相匹配，形成体验上的流畅性。

4）继承性。交互中色彩的选择要慎重，不要无目的的使用颜色，选择的颜色要适合目标受众，能表达客户所希望传达的信息，能符合人们对用户在作品上获得整体感受的期望。所以设计师要先了解使用场景和设备，参与产品定位、目标用户、内容规划然后进行交互色彩的设定。注意色彩在意义上的继承性问题，避免让

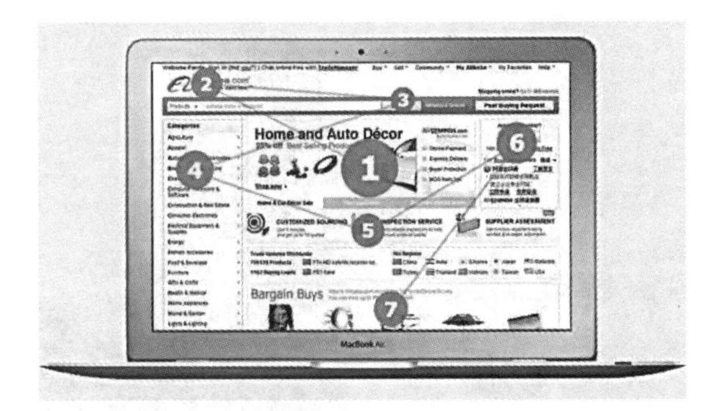


图4-17　眼动仪测试出的用户视觉次序

用户造成识别上的困难。

5）一致性。一致性对用户心理易记性和负荷有直接的影响，它分为内部的一致性和外部的一致性。内部的一致性指的是在产品的不同地方反应相同的设计方式，例如产品在多终端中色彩使用的一致性（图4-18），Potify有着属于自己的App品牌元素；外部的一致性则是对产品进行竞品分析，在其他产品中，反映出被使用的、相同的设计方法。

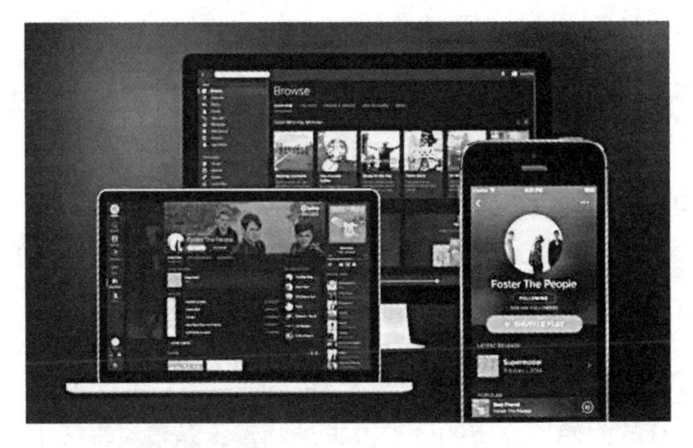


图4-18　Potify多移动终端

交互色彩导向性的建立要以“人”为中心，检验的标准是用户最终的感受，它与用户研究紧密结合，应该认识和理解服务对象——用户，从目标导向的角度来思考什么样的交互色彩沟通方式和环境才是被用户所乐于接受的。同时设计师应该跟踪技术的发展前沿，并收集可用的技术信息，关注技术创新为交互色彩提供的新空间。

## 4.2　交互设计的定义

什么是交互设计？我们一直在思考这个议题。交互设计又是如何在仅仅发展几十年的信息时代中迅速脱颖而出，成为新的设计引擎。何为交互，指的就是相互作用，在漫长的历史进程当中，人和各种人工制品的相互作用；何为设计，所指的就是理解和传达，计算机界面特殊于传统的人工实体制，传统获取并且处理信息的机制和能力，可见设计相应的计算机系统行为传达的界面就变得越来越重要了。20世纪80年代，市场上出现大量的基于传统设计的人工产品，虽然为了跟上“时代潮流”，也采用了计算机芯片，与期望值相差甚远的是，这种所谓的“赶上潮流”实质上并没有能让目标用户感受到当时所推崇的效率的提高，事实上，却在用户使用的过程当中暴露出大量的问题，正是在此种背景下，交互设计这一概念理所当然地被提了出来，本章就将围绕什么是交互设计，国内外交互设计的研究现状以及它的一些特征，发展现状进行叙述。

交互设计的提出也是因为计算机使用者的转变，早期的计算机经过了几十年的发展，成为今天人们所看到的计算机，它们之间已经发生了巨大的改变，而使用计算机的人们，也从当初极少数“内行”的科学家，变成当下成千上万的大众用户。

20世纪70年代末，随着我国改革开放的顺利实施，30多年以来，综合国力的逐步提升，经济的不断进步，科学技术的迅猛发展，特别是近20年来，我们的生活发生了翻天覆地的变化，科研领域取得的成果不再高不可攀，而是在一步一步地缩小从研发到投用市场的时间，遍及我们生活的点点滴滴、方方面面，这些成果不仅让人们的生活变得丰富有趣，也让我们的生活变得方便、高效、便捷。人们运用科学技术来丰富与改进原本枯燥的生活方式，一段时间以来，人们不再仅仅解决于生活的“温饱”问题，随着生活水平的提高，单纯的物质生活早已不能满足于当下人们生活的需要，人们通过大量的信息交流、文化传播来丰富自己的多彩生活，人们开始追求新高度、有深度、有内涵的生活，越来越多的人进行着生活内在精神领域的享受。

科学技术丰富着人们的生活，在当下，人们会不经意地发现，人们正潜移默化地进入信息时代，生活中时时刻刻有着越来越“智能化”的电子产品；这些“智能化”“数字化”的产品充斥着我们的生活，给人们的生活提供着便捷与高效（图4-19）就像晨晓时刻，手机里的闹铃告知你新的一天已来到，这一天的学习生活又要开始了；帮你加热早餐的微波炉以及给你保温饭菜的智能焖锅；还有上班学习时使用的笔记本、平板电脑、你所浏览的网站、使用的各种各样的App、智能变频空调、电视机及指示器、智能相机、随身听；当你在使用它们的过程中，消费产品、以各种边界方式服务的时候，这种使用过程实质上就是一种交互体验。又或者是当人们去银行办理业务时，安排业务顺序的电子取号机或者人们在ATM（银行自助存取款机）进行自助业务时，电子屏上显示的各种提示语言，整个系统会智能便捷的提醒并告知人们怎样使用及操作。还有必要的语音提示能够帮助人们顺利地进行和完成人们所需要进行的存取款等业务，通过按键指示机器，机器能够更高效、迅速地完成人们所指示的业务行为。从理论上来看，人们在自助存取款机进行业务及一系列活动，也可以看作为是一种交互行为。人们生活的每一天，无时无刻都在接触许许多多信息的输入与输出，生活中也在与各种各样的产品进行着交互体验，随着科学技术的蓬勃发展，各个科技产品研发机构的市场竞争越来越激烈，带有最前沿新技术的电子产品也在更新换代，而且新产品投入市场的时间也在缩短，各种具有最新、最优化功能的新产品出现，使得人们交互的体验、方式越来越多。

人们也越来越重视对交互的体验。还记得当大型计算机这一在今天看来还是要装满一大间屋子的

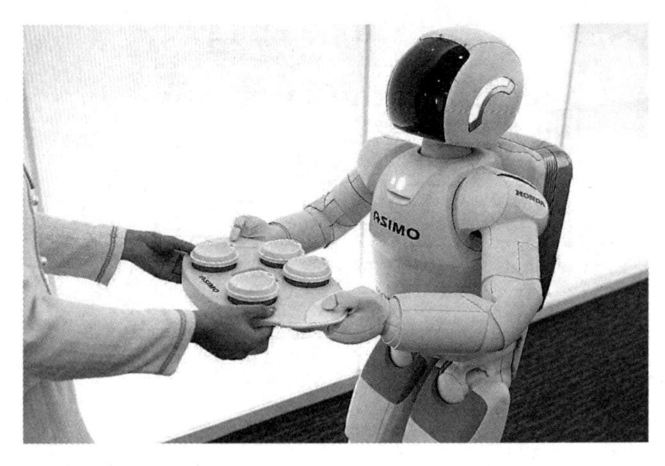


图4-19　机器人服务员

庞然大物刚刚被科学家们研制出来的时候，它所诞生的最初目的，也是为解决科学技术上的一些问题，它的使用对象也仅限于科研人员或者是和此专业相关的行家。显示屏上的应用功能屈指可数，且操作程序复杂难懂。那时候，没有人去关注此项成果操作的感觉；没有人会去在乎产品对象的心理感受。与之相反的是，周遭的一切都需要围绕机器自身的需要来进行组装和编程，更加看重的是成果在研究中所要达到的目的性。使用者需要通过打孔卡片来对机器进行语言的输入，得到的结果同样将机械的语言反馈给你。当时的那个时间点人们的目光更加注重的是机器自身。当这个庞然大物在今后的岁月里，经过科技研究者的继续优化，它的个头变得越来越迷你，它的设计与优化慢慢地集合了各种不同工种的加入，而且面对与不同的使用群体接触，它都有不同的“变换形态”，程序方面也会更加丰富，当它的用户遍及大众的时候，交互的体验越来越频繁，随着科学技术的进步，人们也更加关注关注交互体验的信息，而且这种关注也会越来越密切。

话题又回到了最初，交互及交互设计的定义终究要落到哪里呢？我们应该从不同的方面去定义。广义的定义：交互指在享受服务的、作为使用者的用户与作为服务提供者的系统之间的互动，这个互动指的是信息交换的过程，即发出请求和得到回答之间的关系，有请求，有应答。而在这两者之间，又都需要有双方参与其中。

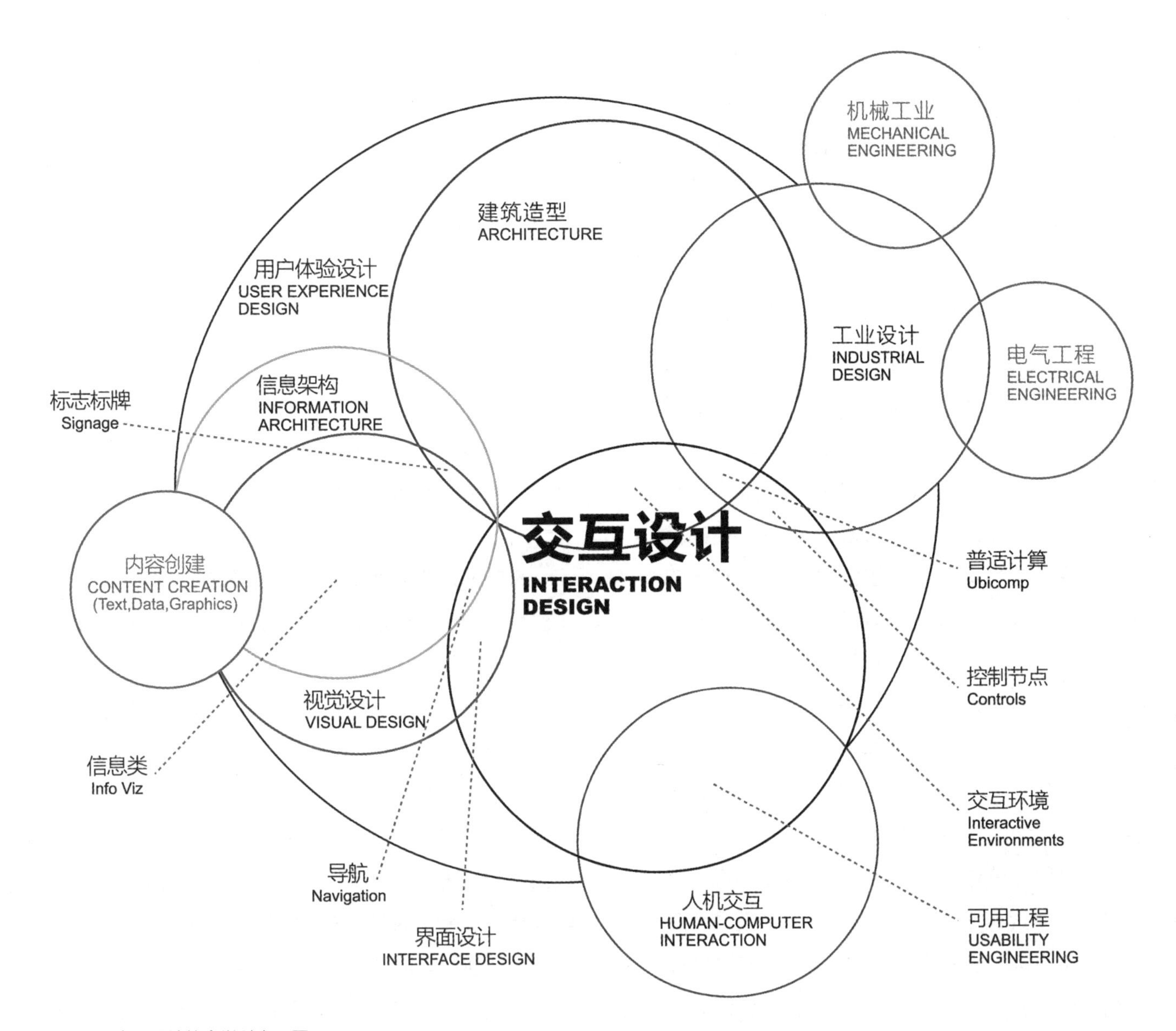


图4-20 交互设计的多学科交叉图

换言之，就是有所需求的人群，应运而生的就有满足群众需求的、为其服务的另外一类人群。总之，交互指的就是需要参与交互的双方都参与一系列连续的互动过程。在当下大部分产品的科研开发设计中，交互实质上指的是作为产品使用者的用户与作为提供者的相关公司、企业所提供的设计产品之间来进行交流互动并在此过程中两者相互交换信息，得到双方都需要的结果，从而完成设计的整个过程，总体来说，就是一个“双赢的过程”（图4-20、图4-21）。

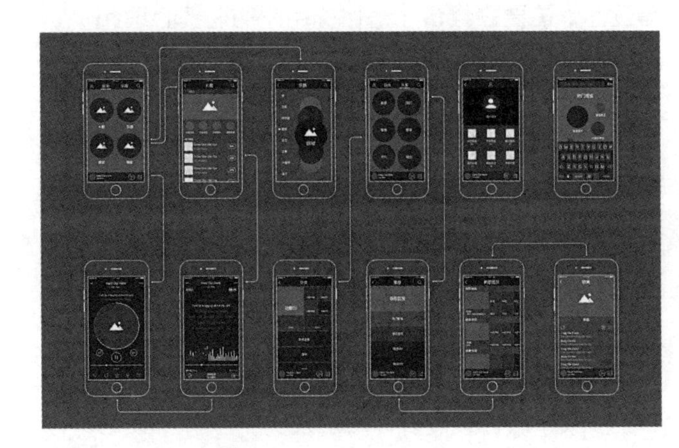

图4-21 交互设计模型

交互设计（Interaction Design），作为重点关注交互体验的新兴学科，它是在20世纪80年代诞生的，“交互设计”最初是由IDEO的创始人之一的比尔·莫格里奇在1984年召开的一次设计会议上提出来的。最初他将“交互设计”命名为“软面（Soft Face）”。之后不久，由于这个名字极其容易让人们联想到当时市场上特别流行的玩具“椰菜娃娃（Cabbage Patch doll）”，因其名字与之相似，所以后来比尔就把“软面（Soft Face）”的名称更正为现在的名字“Interaction Design”——交互设计。从用户角度而言，交互设计指一种如何让我们研发的产品更加便捷有效，就像前文中我们所提到的大型计算机这样的类似案例一样，为了让大众能够更加接受以及让其更加简洁高效地操作，并且方便他们的生活一样；或者就像在20世纪风靡一时的“大哥大”，到后来发展为“BP机”、绿屏手机（“小灵通”），再到近几年来飞速发展的电子信息产品，如轻巧便捷，使用功能更多的智能手机。而现在的发展趋势，会更加信息化。如今，不单纯是手机、平板电脑，就连当初被称作“巨石”，带着“大后背”的电视机，也成为有着高清屏幕，可以连接网络，且功能极其丰富的智能化产品，它们都坐上了“智能信息化的列车”。这一系列的发展，使得设计师需要去尝试了解目标用户的消费心理和他们对未来产品的各种期望，深刻地了解目标用户在使用他们所研发的产品时，同此类产品产生交互时，两者之间的行为与相互反应，深入地了解“人们”（目标客户）自身的心理和行为的特点。与此同时，它还包括需要了解各种有效便利的交互方式，并且对它们进行必要的加强和丰富，使它能够更加的完善和得到必要的优化（图4-22）。

不仅如此，交互设计还涉及多个学科及其他领域，可从与多领域、多背景人员的沟通来了解交互。交互设计是一种如何让产品更加简洁明

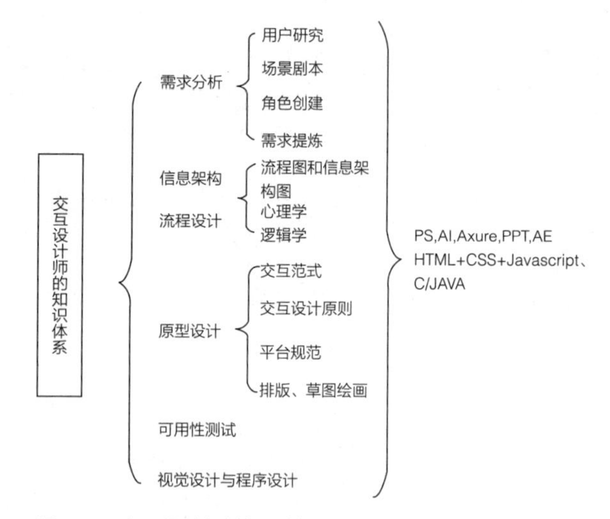

图4-22　交互设计师的知识体系

了，有效地让使用者用户产生愉悦的技术，它致力于了解目标用户和他们的期望，了解用户在同产品交互时彼此的行为，了解“人”本身的心理和行为特点。同时，还包括了解各种有效的交互方式，并对它们进行增强和扩充。

如今，随着市场以及各个领域的影响，产品的交互设计开始涉及多个学科、多个领域、多个工种，并且包括产品研究开发的每个部门的协调和帮助。我们可以从产品最初的概念设计阶段（设计沟通、设计定位）到外观造型设计阶段（概念草图设计、外观造型方案设计、外观造型方案评审、细节调整和深入设计、外观造型确认建模）再到外观手板模型阶段（色彩计划加工工艺、色彩及丝印设计评审、外观展示模型制作、模型评审），然后到结构设计阶段（结构方案预分析、内部结构设计、结构评审、结构修改、三维模具工程图纸）和结构手板模型阶段（功能样机的制作、功能样机的评审、结构修改确认）和最后的模具跟踪阶段（沟通阶段、Tl试模、T2试模、T3试模及量产），其实都是交互设计与产品设计结合应用的实践证明。

综上所述，这一部分从交互及交互理论的探讨，让大家了解了交互的内涵，交互设计的优越性。采用科学的理论与方法进行产品交互设计的研究，并依此建立产

品交互设计系统来引导产品的开发与设计是十分必要的。

## 4.3 交互设计和周边学科

在交互设计中，我们每天都会遇到不同的案例，有好的也有差的，可要我们要给交互设计这门学科下一个准确的定义，这是非常困难的。这其中的原因一部分来自于交互设计起源于多个学科的交叉，在这些交叉学科中包括了工业设计、人机工程、信息架构、心理学、建筑学（图4-23）、美术学、声音设计、视觉传达设计等，同时，还由于很多交互设计是不可见的，而它们的功能都是隐藏在幕后的，这就像Windows和Mac系统（图4-24）给人的感觉非常的不同，尽管他们有同样的功能，甚至外观也基本相同。

站在用户角度来说，交互设计是为了让产品更易用，更能达成用户的目标，高效又让人愉悦的技术。所以站在交互设计师的角度，交互设计师为了达成用户的目标，他需要综合运用多门学科知识，去了解用户的生活习惯、心理特点和用户的实际需求，并把这些通过自己的专业知识实现在产品的功能、性能和形式上。所以，交互设计是关于行为的，行为与外观相比，难度要高于观察和理解。

图4-23 建筑中的交互设计

图4-24 Windows和Mac系统

### 4.3.1 工业设计

交互设计在工业设计中有主导作用，而工业设计所应用的设计过程中的很多设计原则，也在交互设计中得到体现。在这个设计过程中，设计人员不仅应该合理应用交互设计和工业设计理念，还应该保证工业产品要满足用户体验和它的可用性，比如设计还需要充分理解商业、技术和人，并平衡三者的关系。用户体验也就是人对商业和技术结合的产品的体验，更确切地说，是当工业产品在进行设计时应该投入更多的情感以及趣味性，并且还要加强人性化设计，及时观察用户体验的感受，进行客观的评判，使产品蕴含更多的情感体验，这样是为了保证用户体验的最佳效果（图4-25）。

当然随着科技的不断进步，交互设计理念在工业设计领域的应用越来越广泛，并且人机交互的概念也出现

图4-25 交互中的沉浸式体验

了改变，其中它包含的内容不断增加而且更加广泛且越来越突破传统，在视觉、听觉和触觉上产生交互感应，甚至有人觉得，交互设计是工业设计在软件上的延伸与发展，很多工业设计师转变为交互设计师。当工业设计师来做交互设计的时候，他们一定会将其在工业设计中学到的专业知识与专业技能应用到交互设计中，所以其在对产品进行设计的时候，一定会将如何把产品的功能最大化为设计目标。特斯拉内饰设计中，汽车操控正从传统物理按键交互向智能化和信息化的交互转变，对工业设计师的交互设计能力提出了新的挑战（图4-26）。

图4-26 特斯拉内饰设计

另外，技术的不断发展与不断完善，使得交互设计和工业设计的产品越来越新颖有趣，它们两者中所特有的软件和硬件之间的界限也慢慢呈现模糊的趋势。如图4-27中，在宝马i8的内饰中将触碰

图4-27 宝马i8内饰设计

与物理按键组合，给用户带来了全新的交互体验。

从硬件操作映射到软件功能以及界面反馈，在能生产这样产品的工业企业中，交互设计的应用比例也在不断扩大，产品的功能也更为突出，用户的体验有了明显的提升，这些都有利于提高产品的效率，可以提升工业企业的经济效益。在这个共同目标下，工业设计师与交互设计师的界限不再清晰。

### 4.3.2 人机工程

人机工程学本来就是一门新兴的综合性边缘学科，它是人类生物学与工程技术相结合的学科，国际上还没有统一的术语，叫法也有很多不同。如在北美多叫作人体工程学、人因工程学，欧洲称之为人类工效学，俄罗斯为工程心理学，日本命名为人间工学，在我国是采用人类工效学，但在工程技术学科领域就是人机工程学，虽然各国对人机工程学的定义很多，但基本内容都是大同小异。

传统的人机工程主要集中在“人和机器的交互”，通过研究他们的关系，来提高工作效率。例如“人与计算机的交互”就是这个时代的人机工程的研究热点。“计算机”现在也是一个广义的概念，因为科学家和设计师已经把那些缩小的处理器放入电子通信类产品的身体中。现在无论是从电子汽车和电子通信，还是医疗设备中都可以看出，人类离不开计算机技术。

人机工程学研究的核心问题是在特定的条件下

人、机器与环境三者间的协调，研究方法和评价手段很多，它包括了心理学、生理学、医学、人体测量学、美学和工程学多个领域，目的是通过人机工程学的研究来指导器具、方式和环境等的设计和改造，最后的服务对象也是在人的身上，所以做出来的产品要在效率、安全、健康、舒适、愉悦等几个方面得到改善（图4-28、图4-29）。

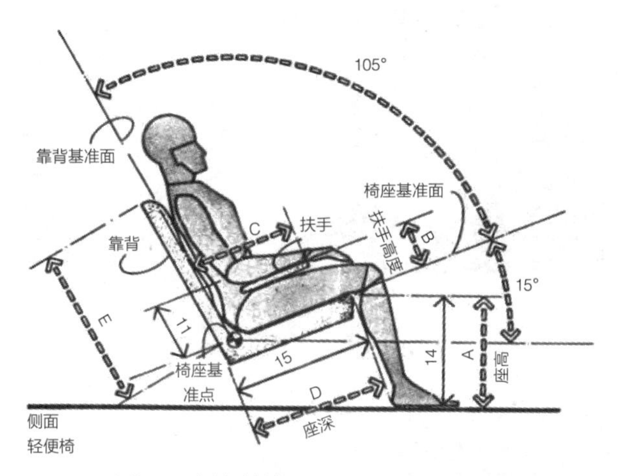


图4-28　人体工程学基础数据

图4-29　人体工程学应用

人们设计人—机系统的目的，就是为了使整个系统工作性能最优化，也就是工作效果达到最佳。也就是说，需要系统运行时实际达到的工作要求，例如速度快、精度高、运行可靠以及人的工作负荷要小，能达到人完成任务所承受的工作负担或工作压力要小和不易疲劳等。人机工程中人和机器各有特点，在生产中也充分发挥各自的特长，合理的分配人机功能对系统效率是否高效的影响很大。所以，提高整个系统的效能，除了必须使机器的各部分都适合人的要求外，还必须解决机器与人相适应的问题，这就要求合理分配人与机器各自负责的区域，让他们相互配合，并且能有效交流和传递信息（图4-30）。

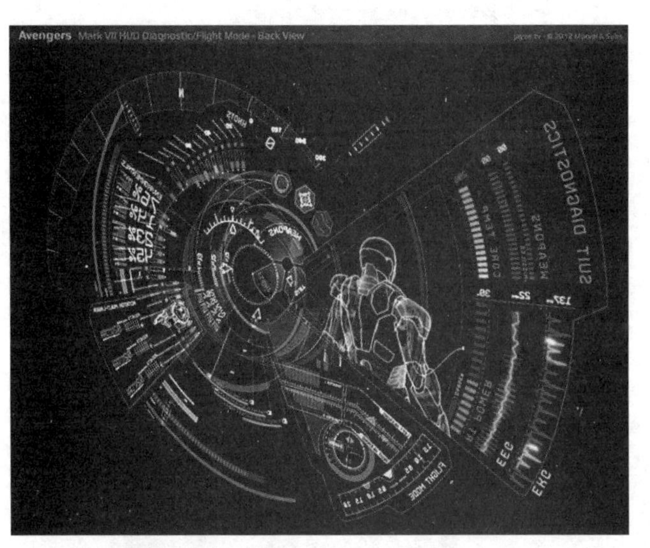


图4-30　人机系统示意图

例如一张办公室的人体工学图（图4-31），它给出了理想中员工所使用的办公桌，电脑，椅子的合理配置，从而使这些机器和环境适合人并提高工作效率。

在人机工程和交互设计中又有类似于7～10岁儿童手机的开发（图4-32），这首先要了解儿童群体对儿童手机的要求，设计师需要根据儿童的需求对手机进行分析，其在造型上就会偏向儿童化，卡通造型和仿生造型是主要造型元素，它的颜色会比一般手机颜色的纯度和明度都要高，色彩也比较鲜艳。在功能上会将其简化，只留下手机的主要功能，界面设计上也不会太复杂，能保证儿童在任何情况下都能快速联系自己的家人。

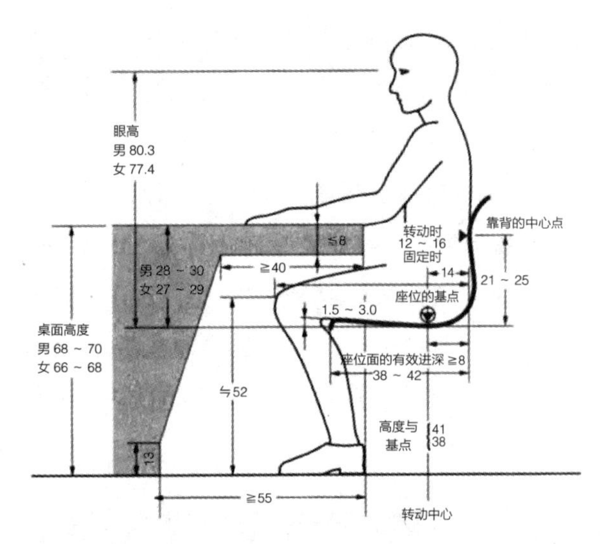


图4-31　办公室的人体工学图

图4-32　儿童手机

## 4.3.3　信息架构

组织起内容的结构及其方式被称为信息结构，它是对内容进行分类，建立一种让人方便使用的方式，让人更加容易得到想要的内容，这样更有助于设计。这表明，信息架构在信息产品中具有显著作用。信息架构师是在交互设计中构建一个有效又行得通的信息架构的人，他们设计的信息架构如果行之有效，就可以让用户按照他们自己的逻辑，毫无障碍、慢慢地去获取他们想得到的内容。

信息架构有的繁杂，有的简单，这对于任何产品都是一样的。简单的信息架构如微信（图4-33）、QQ（图4-34）等产品，复杂的信息架构如运维类产品、业务支撑系统之类。简单的信息架构我们把它称为“轻架构”产品，复杂的信息架构我们把它称为“重架构”产品。

图4-33　微信

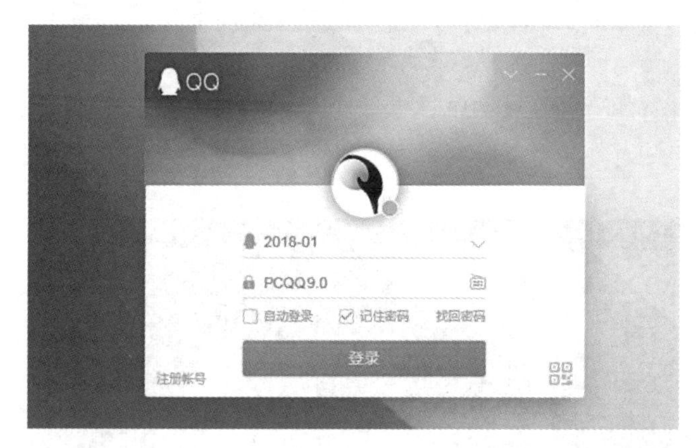


图4-34　QQ界面

提供一个简单明了的信息架构给用户，能使用户使用起来方便以及体验起来流畅，这种产品就是轻架构产品。不能让用户迷失方向，给他们增加学习成本，就算是面对海量的普通用户，也可以做到可用并且效率够高，这就是轻架构产品，轻架构产品还可以通过做减法来聚集。提供功能完备以及结构严谨的信息架构，让用户通过操作流程去使用各个功能，这就是重架构产品。它会带来一定的学习成本，甚至要去对使用的人员进行一定的培训，这是重架构产品的特点。重架构基本上不能通过做减法来聚集，它的用户群体一般来说是比较聚集的，聚焦核心用户的场景需要去灵活布局以及对海量的功能进行合理的整合，所以对重架构产品而言，信息框架是更加困难的和重要的。

轻松以及愉快是设计轻架构产品的好处，一般来说用户容易共同感知，甚至有时候用户就是你自己，但是它的难点在于突破以及创新。在交互设计中，信息架构越复杂，对交互设计的要求也就越高，相应的锻炼效果也就越好，这就是重架构产品的好处。要想设计重架构产品需要有非常高的全局观。

下面我们来看一下设计师如何使用这些结构来帮助思考。

层次结构（图4-35）中可以看到节点与其他相关节点之间存在父级/子级关系，子节点表明了一种更加狭义的概念，它们从属于更加广义的父节点。并不是每一个节点都有相应的子节点，但每个节点都对应着父节点，顺着往上可以到整个结构的父节点。这个层次的关系是非常容易理解的，同样的软件也是更加倾向层次的工作方式，这种结构是最常见的。像树状图以及家族图谱等是最常见的一种方式，它们都是按照这个路线来的。这种结构大多数设计师都使用过，这里重点的是一种平衡使用方式。平衡使用方式第一种是自上而下，从产品的主要愿景一步步分化到每个功能的特性，第二种是自下而上，从对于用户有价值的功能特性开始，一步步到产品的灵魂。

第一种很容易理解，先制定一个大的方向，管理层去传达命令并指导，然后通过执行层输出，一步步分解任务，一直到任务量比较直观，去执行后能得到产品的结果，重架构产品在第二种中使用的不在少数。当从上到下分解时，一直分解到底层会造成功能特性太多并导致逻辑出现混乱，这样就会

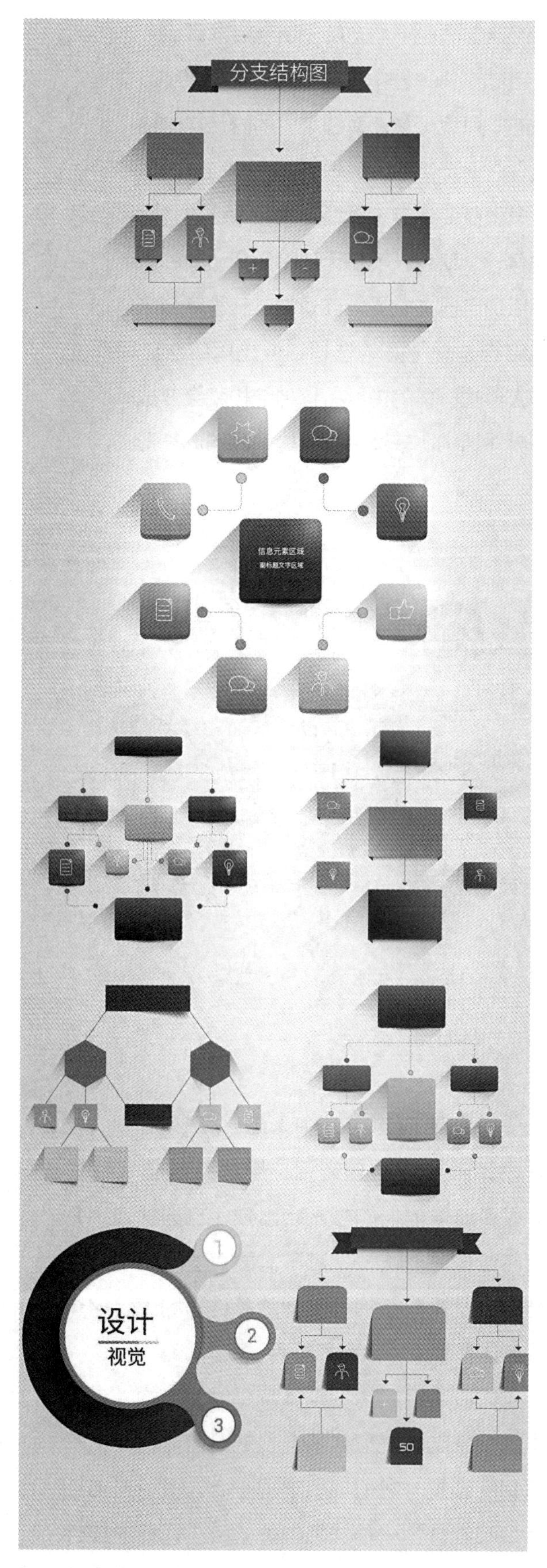


图4-35 层次结构图

出现问题。而自下而上的逻辑就会清晰。

自然结构（图4-36）不会按照一致的模式，它们的节点逐一被连接起来，同时这样的结构也没有什么过于严格的分类概念。探索一些关系不明确或者一直在变化的主题还是比较合适的，但是自然结构有一个缺点，就是无法给用户清晰的指示，而是让用户自己去感受。你想尝试一种刺激的感觉，自然结构是一个好的选择，但是用户想靠同样的方法去寻找一样的内容，这种结构就会变成一次挑战。自然结构比较适合轻架构产品的浏览形式。

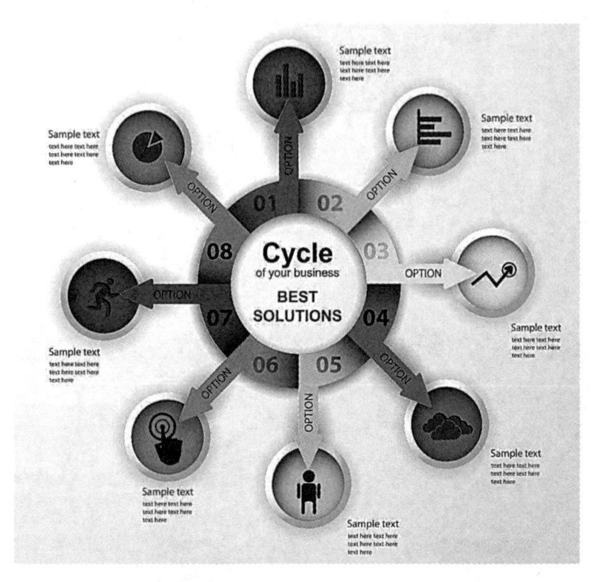


图4-36　自然结构图

在信息架构的设计中，自然架构是一个要点。设计师应该时刻谨记，用户并不总是理性的，很多时候他们的想法会出现随机的状态，并且自然结构并非唯一，其不需要有层次结构、线性结构以及矩阵结构等其他的条件来约束，这个产品整体看起来才会完整可用。

我们最熟悉的线下媒体就是线性结构，它最基本的信息结构类型是其连贯的语言流程，至于处理它的装置，我们早已牢记于心。不论是书还是音像都设计为一种线性的体验，小规模的线性结构是通过互联网中线性结构来使用；大规模的线性结构在对用户需求比较高的应用程序里被要求。线性结构比较容易理解，交互设计需要有完备两个相反的信息架构的描述方式，一面是复杂的信息结构，另一面就是线性结构。

节点相互之间沿着两个或者多个维度移动就是矩阵结构（图4-37），用户的每一个需求都要和矩阵中的轴相联系，矩阵结构是能帮着那些有各种需求的用户，让他们各自都能找到自己所需。这个结构是很好理解的，现在很多设计师使用的KPI评估方式就是矩阵结构，设计师做一个产品不能只局限于界面元素的规范以及设计细节问题解决等，交互设计最好的锻炼石就是信息架构。

## 4.3.4　心理学

心理学是一门研究人心理的学科，牵连的范围甚广，就拿认知心理学来说，就包含研究人直觉、表象以及思维等一系列问题。交互设计最为基本的设计原则就是认知心理学，这些原则包括了心理模型以及可操作暗示等。心理学告诉我们设计师设计的产品，要服务的用户是一个简单又复杂的群体。例如不同文化对色彩的偏爱，图4-38为红色中国结。

别人从你那里了解到的内容并不一定是符合你自己的设想，设计师不能完全站在自己的角度去设计产品，而应充分重视用户的需求。人在发现一个物体时，会主动寻求规律，规律有助于快速处理接收到的感官信息。设计师设计产品时是应该包含规律的，由规律来引导用户，这样就有助于用户更好地了解产品。另外一方面来讲，产品的设计应该有一定的局限和规范，不应天马行空的想象，一个产品有成功规律，用户就会去创造规律，这就是设计师无法预期的。设计来源于生活的，人们是具有自己特定的心智模型，他们事先就限定了所要看到的内容，在设计过程中，理解用户的心理模型是必要的。短期记忆都是有限的，关于记忆这种原理，心理学上有很多理论，有人称之为短期记忆，又有人说是工

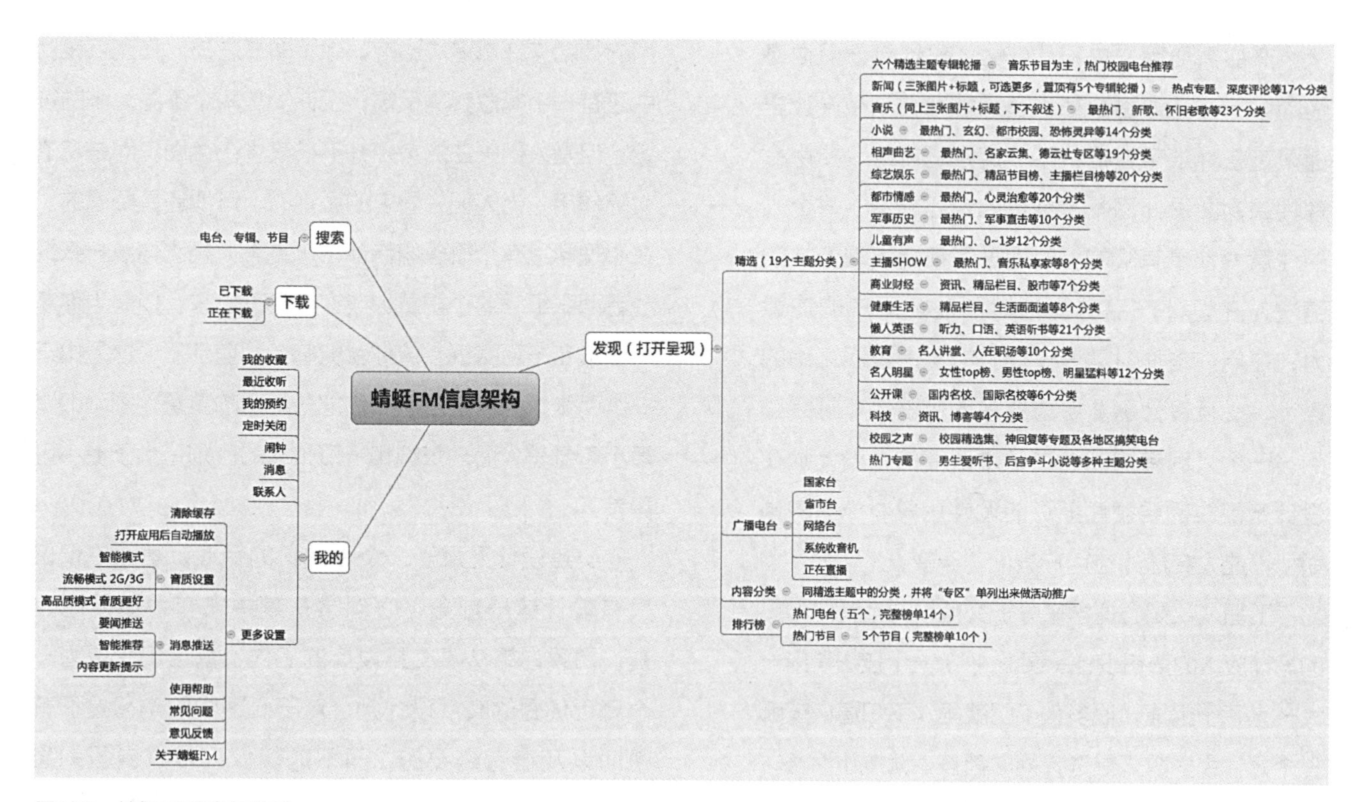


图4-37　蜻蜓FM信息架构图

图4-38　不同群体的色彩心理

作记忆，在产品设计中，对用户记忆是有要求的，很多流程出现问题就是当用户记忆发生混乱的时候，在设计一个产品的时候。保证用户的思路清晰是至关重要的，让他们需要记忆的东西变少，用合理的东西来帮助用户去思考是有必要的，大量的重复一样事情以及把新接触到的信息和熟悉的事物相

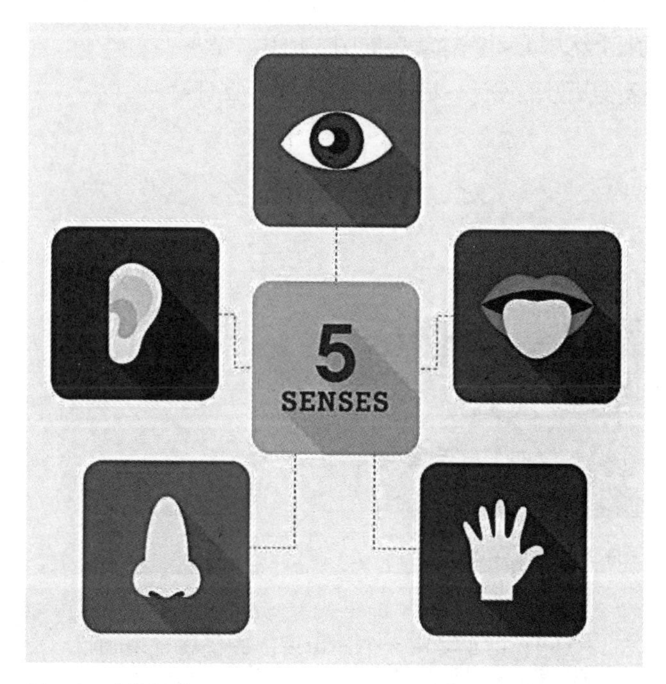


图4-39　人的五感

联系起来，这就会让短期记忆变为长期记忆（图4-39）。

判断用户是否记住某个内容时，应该按照最低的要求来，设计师在设计过程中要时刻思考，设计一个产品需要用户去记住什么。设计是一门很奇怪的学科，有理性存在也有感性存在，在设计里面限定各种条条框框并不一定是适用的，要用合理性来判断设计而不是纯粹的参照标准。每个人的注意力都是有限的，时间长了都会出现走神的情况，在设计产品时应该时刻注意用户的注意力，在用户走神时需要设计师把用户拉回正确的点上，交互设计需要考虑的东西应该是非常完整的。一个人固有的观念是很难改变的，设计师在设计产品时需要循序渐进的调整用户对产品的预期，不能太突然的让用户去面对改变。

下面从认知心理学来分析交互设计，有一常见的马桶放水的按钮设计（图4-40）一个按钮是由一大一小两个组成，很多人不明就里，不知道该按哪一个好，大多数人是选择同时都按。就按钮而言，一大一小的按钮功能其实是相同的，区别只在于出水量而已，但是这样的设计实用性其实不大，因为你下次用的时候还是可能两个按钮一起按的，这个看似巧妙的设计，其实给生活平添了些许疑惑。

图4-40 马桶按钮

认知心理学关于人们对世界的表征研究表明我们外部世界的内在表征包含了我们对于事物以及事物关系的认知和理解，对于这些知识的结构化组织，在心理学上被称作图式。基于经验对特定的事物以及事件的结构化知识，它是一种认知结构，会对我们的注意、记忆等信息加工过程甚至是我们的社会交往都造成影响。除了图式之外，在交互设计中还有一个概念就是反馈，设计的是两个不同大小的按钮，但是人们关注的重点并不在其大小上面，而是它的实际作用，当人们去看它的区别时，可能还是疑惑的。在心理学上有个概念叫作最小可觉差，好比你拿一张纸或者两张纸，这个重量你或许感觉不出来，但是当你拿一张纸和一百张纸，这你就能感受到差别了，这是由于一张两张纸的差别是小于你能分辨出的重量差别，即是最小可觉差，而一张纸和一百张纸的区别是大于最小可觉差。

交互设计是属于一个跨学科的专业，里面不仅仅只有设计这一部分，心理学在其中占有很重要的位置。如果你想从事交互设计的工作，甚至于想成为一个真正优秀的交互设计师，对于心理学的学习是很有帮助以及很有必要的，而不能仅仅只依靠自己的直觉。所谓交互，就是输入以及输出，这是对交互的定义，所以来说，交互设计也就是一种针对输入方式即对人以及输出方式即是对机器的一种设计。我们平时在生活中通过触摸去操作手机就是一种输入方式，手机上出现的相应界面就是输出方式，一个交互设计师应该考虑的是在何时去使用何种的输入以及输出方式，我们需要从根本上去了解人是怎样处理信息以及人自身是如何行动的，例如手持移动设备的使用环境就具有多变性，用户的使用习惯也不同，图4-41为地

图4-41 地铁中的手机交互

铁中乘客使用手机的场景，公共交通环境下，声音嘈杂，也面临着到站下车等情况，针对这种特殊情境需要交互设计师在设计中更好地利用技术并了解用户的真实心理需求。

在认识心理学的理论上，把人好比为一个计算机，人好似计算机一样对外界的信息进行处理和加工（图4-42）。人的感觉器官就好比感受器，交互设计师能够了解人是如何接收信息通过研究人的感受器这种方式，这样才能设计出一种让人能够轻松愉快接收你需要提供的信息的一种交互方式，在做交互设计时通常是采用听觉和触觉来辅助视觉上的设计。效应器的反应时间、运动速度以及运动准确性是其质量指标，交互设计师可以通过这些指标来判断自己做的设计是否与用户的认知模型是一致的。加工器是比较复杂但又是最为重要的一部分，它让我们知道，除了一些客观因素之外，像动机以及兴趣这些主观因素也是能对人们理解信息造成重要影响的因素，交互设计师能够了解这些就有助于他们提高自己的设计质量。

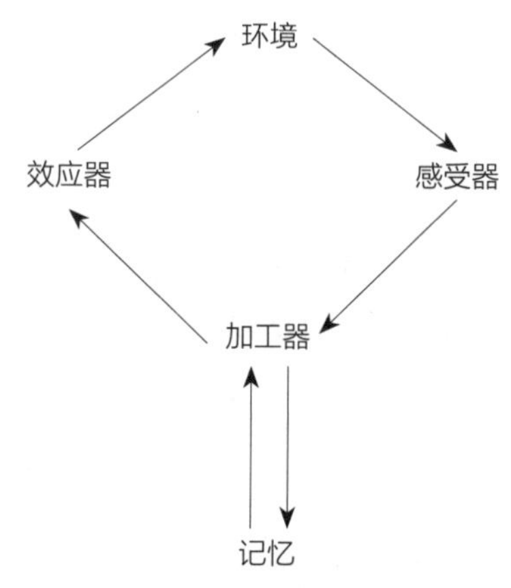

图4-42　信息加工处理图

在交互设计中运用最多的心理学理论是格式塔心理学，它包含相似原则、接近原则以及完形原则。相似原则就是相等或相似的元素组成一个整体，像图4-43，左边第一感觉就会认为它是横向排列的，右图则会认为它是纵向排列的。人们是习惯于把相似的东西组合在一起，相似的原则在交互设计中是经常会用到的。接近原则就是让相互靠在一起的元素组成一个整体，图4-44中，你就潜意识把它们分为两组，想将多个元素进行分类的话，让同一元素相互靠近是可行的。完形心理学就是我们习惯于把有缺的那一部分填充完整（图4-45），在交互设计中这也是需要经常用到的。

图4-43　排列图

人们全身心投入去做某事的一种状态就是心流状态，在这种状态的人是不希望被影响的，这种状态会带来很高的兴奋感以及充实感，在做交互设计时，能达到这种状态是非常有益的。有明确可实现的目标、流畅的任务、持续性的反馈以及可控制操作是在交互设计中最实用的心理学理论。

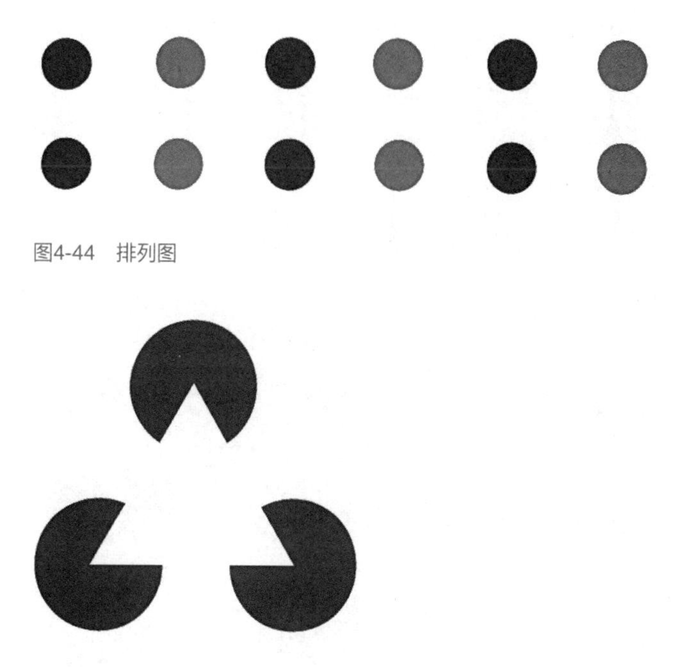
图4-44　排列图

图4-45　有缺三角形

# 第5章

# 交互设计中基于用户需求的研究

著名心理学家唐·诺曼（Donald Norman）（图5-1）曾针对设计的研究价值展开过一番讨论。他认为技术是驱动设计创新的首要因素。为此他引用了福特的一句名言：“如果你问人们想要怎样的交通工具，他们一定会说‘一匹更快的马！’”人们自己有时候也很难知道他的需求是什么。那么，用户研究的价值到底是什么？

图5-1　心理学家唐·诺曼

简单而言，用户研究是一个了解谁是你的用户，他们有什么思维及行为特征的发现过程；同时，用户研究是一个收集数据的过程，包括基础的人口统计数据、人体工学数据、用户使用环境与设备数据、用户任务等。为使设计更有理据，使创意有更科学的落脚点，是离不开这些信息的支持。

了解用户需求的方式多种多样，在该过程中设计师首先需要了解用户是谁、有着怎样的使用环境，建立用户档案；其次要了解使用情景与事件，进行任务分析；最后了解事件中所使用的词语，创建信息架构。在这个的基础上我们去做以用户为中心的设计，最终完成设计的目的，那么，以用户为中心的设计又是什么呢？下面会从以用户为中心的设计基础理论来让大家有一个具体的了解。

## 5.1　UCD的基础设计理论

UCD（User Centered Design）意思是为以用户为中心的设计，围绕“用户知道什么是最好的产品”这个理念，设计师帮助用户实现其目标，用户需要参与设计的每一个阶段。

以用户为中心的设计理念已经出现很长时间；它来源于工业设计和人机工程学对用户的重视和研究（图5-2），简单来说，设计师应该使产品适合于人使用，而不是让人习惯产品。为贝尔电话公司设计500系列电话的工业设计师早在1955年写《为人们设计》时，就首先提出了这种方法。在20世纪80年代，在人机交互领域工作的设计师和计算机学家开始质疑工程师为电脑系统所设计的界面（图5-3）。随着存储、处理和色彩显示能力的加强，多样的界面已成为可能，并掀起一股浪潮，在设计软件时，越来越关注用户，而不是计算机。这股浪潮就是以用户为中心的设计观。

因为设计直接面向用户。设计师聚焦于用户需求，

图5-2　用户研究与设计

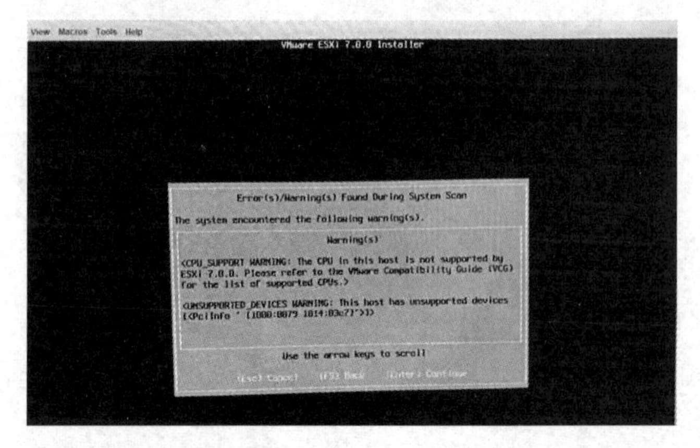


图5-3　早期人机交互界面

决定用必要的任务和方法来达到这些目的，这些都需要考虑用户的需求和偏好。简而言之，在项目中，用户资料是设计决策的关键因素。当遇到不知道如何做时，可以参照用户的需求。比如，在做电子商务网站（图5-4）时，用户需要购物车的按钮放在交易操作的哪个位置，可能这个按钮最终就是放在页面的右上角。随着技术的进步，人们在用户体验方面的要求也随之提高。以往用户较在意产品的功能，功能满足，用户就会接受，随着功能的不断完善，用户在更高层的需求增加，例如审美和情感体现。UCD即以用户为中心的设计，强调的是设计师通过调研去理解受众，并直接接触使用者，注重用户对产品的整体体验。让产品适用于人而非人习惯于产品，这是设计师的主要任务，随着多样界面成为可能，并形成一种趋势，这种趋势就是以用户为中心的设计观，对于用户的关注要大于对计算机的关注，也就是说用户更加重要，这是在设计软件时需要特别注意的。系统的目的是为了服务用户，这是以用户为中心的设计所强调的，UCD不是一段漂亮的代码，也并非某种特定的技术，用户的需求是整个界面设计最重要的，而界面的需求在功能、性能的设计上则是关键。

设计是直接面向用户，这就需要用到UCD。在做一个项目的时，设计决策的关键因素往往在于用户资料。当设计师不知道如何入手时，就可以参照用户的需求。把UI设计师比作鱼，UCD就好比为水，是设计师工作的基础，必须要用到，这也导致我们很少去质疑UCD是否永远都适用。在实际工作生活中，UCD真的可以解决所有问题吗？当然，这是否定的，UCD也并非总是起作用的，它是有局限的，本质上它只是一种做事方式，并不是那种经过验证的科学公式。设计虽然不同于艺术，但艺术本身也同样是一个灵活变通的工作，不管什么都需要活学活用，思想不能固化。所有的设计都依赖于用户的话，设计的产品就会出现问题，以下简单介绍几个经典的UCD名词。

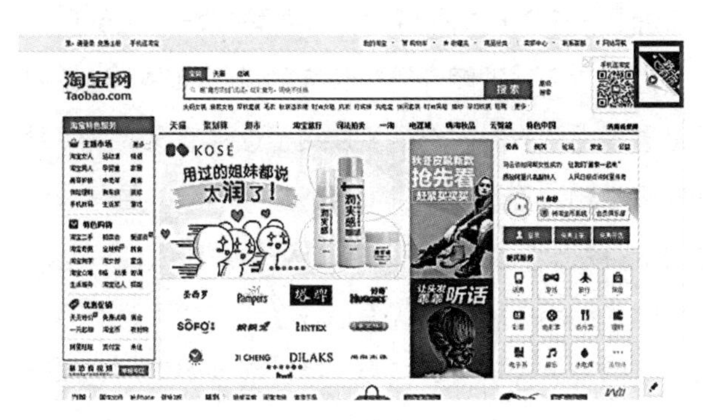

图5-4　淘宝购物界面

## 5.2　交互心理模型

### 5.2.1　心理模型与现实模型

1. 心理模型

人们可以通过视觉经验、想象以及对话语的理解在头脑中构建一个小型的知识模型，这也就是所谓的心理模型。心理模型是人们对现在所处现实又或者自己想象的某种情景的心理特征。一旦形成了心理模型，就会成为世界事物描绘的经验模型，这样反过来会对视觉经验、想象情景以及话语理解等产生作用，并且成为这些活性的心理基础，用来去预测有些事物的相互关系。心理模型与现实世界的关系模型是具有一定的相似性的，因此，这是人们对现实世界事物的相互关系进行理解想象的一种基本的形式。心理模型是存在于用户头脑中的关于某一产品应该具备的概念和行为，这些有可能都是来源于用户的一些经验或者在使用类似产品的一些体验，当产品复杂到不是用户随便想象，设计师就能完成的时候，就需要通过对用户的研究或者猜测，全方面地去了解用户的心理模型，这对于实现产品的功能至关重要，因为有时候甚至用户自己都没有意识到自己需要什么，因此需要从用户的原有心理去延伸，这对设计来说是很关键的。

2. 现实模型

现实模型是算法和相互通信的代码模块，是有关机器和程序如何运作的表达，描述的是机器和程序是如何工作的，也被称为系统模型。这就好比在转账交易模型中的信息流和资金流的模型，这就属于现实模型的范畴。任何机器都有实现其目标的机制，例如电影放映机使用复杂的移动图片序列来创建动态的感觉：它在一个瞬间让明亮的光线透过半透明的微缩图像，然后在它移向另外一幅微缩图像的瞬间挡住光线；并以每秒24次放映新的图像，重复这个过程。这种有关机器和程序如何在实际工作的表达被诺曼（Donald Norman）（1989）和其他人称为系统模型（System Model）。大多数的软件设计是按照现实模型来设计的，设计师也是按照现实模型来设计用户界面，现实模型的界面是由数学的思维模式造成的。

用户界面不能照搬机械时代产品的用户界面，一定要根据现在的实际情况，作出客观的变动，一些重大的改变必须要保证是非常好的改变。用户理解他们所需要进行的工作，以及程序如何帮助他们完成工作的过程，这就需要用户与软件交互的心理模型出现，他们自己如何完成任务以及计算机如何工作的想法就会促成这种模型的产生。

## 5.2.2 交互心理模型的匹配

在很多情况下，心理模型与现实模型存有巨大的差别，心理模型和实现模型是两个基本的概念，也是研究用户认知心理一个基础。寻找两种模型的平衡点，从而去满足用户的需求，需要交互设计师有清晰的思路，这是设计师需要做到的。

那我们应该怎么去理解现实模型、心理模型和表现模型的关系呢？这对于在工作上的交互设计师和产品设计师都有哪些帮助呢？很明显的是，这三者可以帮助我们首先从宏观的角度去思考用户对产品的认知，然后可以让我们看到一些不好使用的产品存在的深层原因，最后让设计师知道怎样才能设计出更好使用的产品（图5-5）。

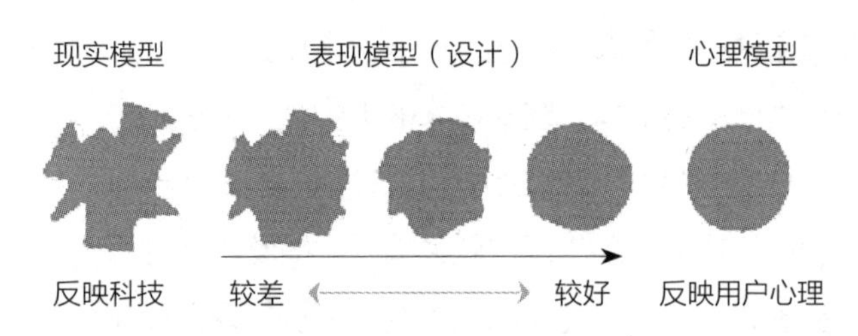


图5-5 现实模型、心理模型和表现模型的关系

设计师选择如何将软件工作机制表现给用户的方式称为表现模型，它是指人们通过一系列的经验训练和相关的学习，对自己、对他人以及对环境和接触到的事物形成的模型。软件如何工作的模型，我们把它称为现实模型，心理模型就是用户认为软件该如何工作，而设计师将软件的运作展现给用户就是表现模型。用户界面应该基于用户的心理模型，而不是现实模型，表现模型接近心理模型，比较容易上手，表现模型接近实现模型，就难于学习。表现模型如果好的话，就有助于我们预测操作行为或者使用规则的效果，否则的话我们在操作或者使用规则时只能盲目地去死记硬背，不知道如何去变通，都只会按着别人说的去做，别人说怎么样就是怎么样的，设计师应该以用户是否理解为衡量的标准，设计的产品如果与用户的心理预期越一致，用户就越能快速的理解和操作，也就会越满意。

下面是一个表现模型偏向现实模型的例子（图5-6）。

普通用户无法理解计算机真实的运行原理，当将编程语言展现给用户时，普通用户对于这种情况的发生原因却丝毫不知，不明白发生错误的具体原因，更无法找到解决的办法。因此程序员按照自己的逻辑去做，当发生错误时，给用户展现的界面造成了用户交互时的沮丧感，交互体验大大折损。只有让表现模型同用户心理模型一致时，才能使用户容易理解发生的问题。

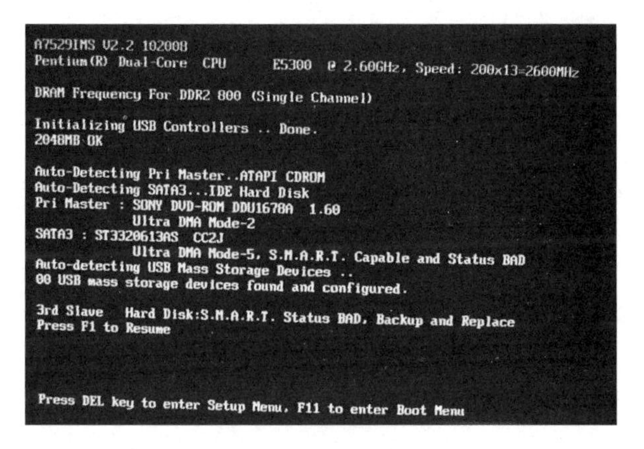


图5-6　计算机的现实模型

图5-7是一个应用的下载界面截图，当离线下载包完成后，解压进度还会显示在相应的界面上。从文件下载到可以使用需要经过两个过程，也就是下载与解压，但是所有这些步骤没有必要完全告诉用户，多了解一个概念对用户来说完全是多余的。只需要知道的是文件下载完成了可以使用，这对用户来说就够了，而不是想知道这些中间的详细步骤，表现模型与现实模型一致的情况也就表现在这里。

图5-8左侧是Photoshop内设置颜色的功能面板，设计师通过调节数值来达到自己需要的颜色。颜色的实现机制是通过这些数值来表达的，

图5-7　下载进度界面

这些是从现实模型出发的。用户对于这些是没有经验的，想调整出自己需要的颜色存在一定的困难。右侧也是Photoshop内设置颜色的功能面板，需要什么颜色用户自己可以直接点选。用户是很容易理解这种交互方式，因为这样的表现模型和用户心理模型是比较贴近的。

从以上几个实例可以看到，由于多数软件、应用、网页的设计者是程序员，较关注计算机系统成为一些表现模型偏离心理模型的主要原因。每一行代码、每一个模型对于程序员自己来说都是精准的、符合逻辑的，但是他们却很少考虑到用户的心理模型，这样也就导致出现普通用户无法理解但在程序员们看来理所当然的交互界面。从另一个角度去理解，其实就是要求设计师要更多地以用户为中心、以用户目标为导向的原则出发，更多关注的是人，少关注一点物。如果能创造比现实模型更简单的变现模型，我们就能帮助用户更好地理解和使用。

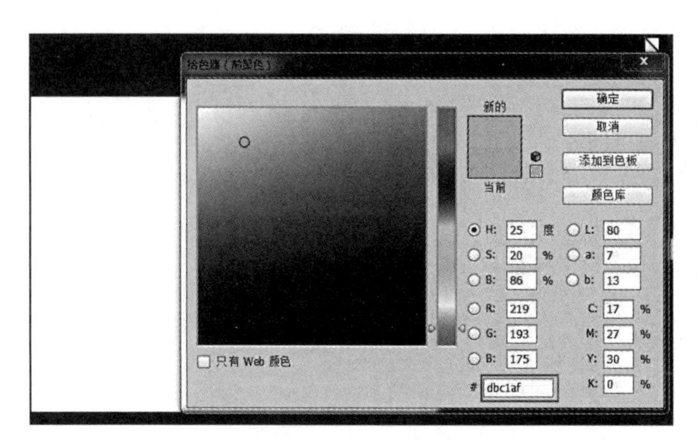


图5-8　Photoshop界面

# 第6章

# 交互设计的原型设计

原型是一种让用户提前体验产品、交流设计构想、展示复杂系统的方式及一种沟通工具。简单来说，原型就是产品设计之前的一个简单框架，即将页面模块、元素进行粗放式的排版和布局，同时加入一些交互性的元素，使其更加形象具体。原型也可以模拟最终产品的运作方式，它支持产品团队测试的可用性和可行性，也有很多人将原型与草图，线框图和模型混淆，实际上它们不同于原型。

原型是让设计师们得以展现他们的设计，以及模拟真实的使用场景。在数字化的背景下，原型能够模拟用户与界面之间的最终交互行为。根据产品团队的需求，原型可以模拟整个App或仅单个交互行为。原型的设计是将想法由抽象信息转化为线条和图形的具象信息过程，最终以产品框架的形式呈现，原型是设计想法的表达。“交互性”这个概念是原型的根本，因此这就是为什么草图，线框图和模型不能被视为“原型”的理由。

在交互设计中，原型是能够帮助我们与未来产品进行交互，从而获得第一手体验，并启发思路的装置。原型展示了产品设计界面，表达了功能与交互，提供了沟通依据。用户界面原型一般用于系统开发的初期或精化阶段，以在实际设计与实施前揭示和测试系统的功能与可用性。

做原型主要是为了在做实际产品之前测试设计（和产品创意）。是否进行测试与产品的成功直接相关。当产品在市场上市，人们开始使用它时，你的设计将被用户测试。如果这是首次测试，则很有可能会有来自用户的负面反馈。因此，在低风险的研究阶段和公开发布之前收集产品反馈，便会更好。

以下是需要原型的两种情况：

其一，确保设计理念按预期进行。在大多数情况下，让实际用户测试产品概念是相对容易的。一旦用户拿到一个可以交互的产品原型，产品团队就能够看到目标受众是如何使用该产品。根据这些反馈，可以调整初始理念。

其二，确定用户能够顺利地使用产品。原型的必要性是在产品发布前发现和解决可行性问题。它能测试出产品需要改进的地方。这也是之所以那么多产品团队创建原型，让用户测试它们，并迭代设计直到它足够好的原因。

## 6.1 原型设计概念

原型设计是交互设计师与PD（产品经理）、PM（项目经理）、网站开发工程师沟通的最佳工具。其在原则上必须是交互设计师的产物，交互设计以用户为中心的理念会贯穿整个产品。利用交互设计师专业的眼光与经验直接导致该产品的可用性。原型设计是在进行系统开发前，结合用户多方面的需求，设计出产品草图。因此，系统原型通常可以反映出用户对系统的需求，并且能够大大减少开发过程中因需求不明确而反复修改的无效工作。

为什么要设计原型？第一是减少修改成本，第二是便于沟通讨论，在用户和产品经理之间，在产品经理和交互设计师之间，在交互设计师和开发工程师之间，有了原型，他们的交流沟通更加明朗清晰，工作效率也自然提高。

由于互联网以及其他信息产品的特殊性，我们需要用快速而又低廉的方式创造产品的原型，你可以用原型设计软件，身边的纸和笔或者你的团队成员，利用白板和马克笔，创建原型。由于原型设计传递的是用户最后可能使用的界面，所以它能使我们将焦点落在用户的层面来思考，谁是用户？他们在做什么？他们何时真正需要以及用户的使用习惯等，这可以避免我们把产品变成功能堆砌和组合。因为原型设计的这些特点，所以在产品设计和项目开发中被广泛采用。

当线框图原型加上注解就可以为综合技术与研发

（PRD）需求或其他流程图、导航图、规格等提供参考（图6-1、图6-2）。

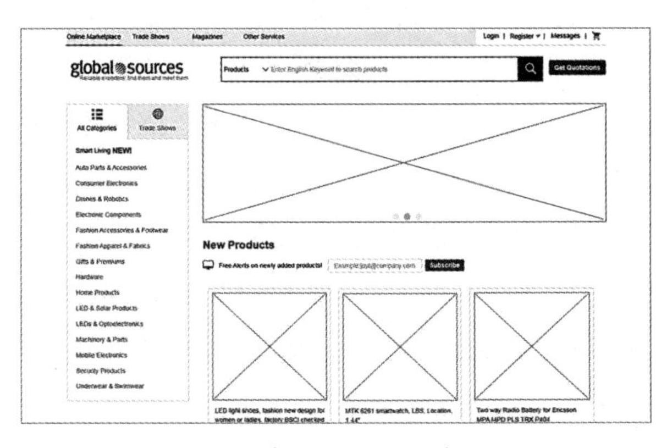

图6-1　线框图原型实例（Global Sources）

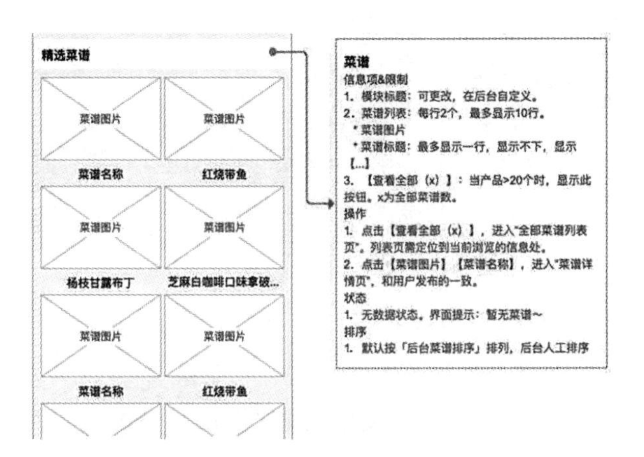

图6-2　线框原型结合文字注释的实例

在项目团队中，借助原型，我们可以在前期项目中，针对大众用户群体对于产品的理解进行调研沟通交流，从概念的层面，转向更加具体的，有针对性的讨论；同时也可以通过原型评估可能的开发工作。在实践中原型往往成为产品需求文档（PRD）的重要组成部分，因为它直观地展示了产品的最终形态。对于类似资讯频道网页，门户网站等信息量丰富，需要复杂页面，我们建议在产品需求阶段同时准备产品需求文档和线框图原型；同样的，对于需要用户大量操作和交互的界面，比如注册、购物车等产品，原型图能起到比产品需求文档（PRD），更加直接的沟通作用。

同时，原型设计比起最终上线的产品，它有建造迅速的特点，其可以快速比较多种方案，在开发周期的早期，采用逼真度较低的可用性测试，然后再更新原型。如此快速而低成本的原型设计，使我们的设计过程效率大大提升。

## 6.2　几种常用原型

原型按材质分为纸原型和线框图；按原型的最终使用界面是否更贴近用户，可以分为低保真原型和高保真原型。

### 6.2.1　纸原型

在纸上绘画创建的界面原型（也可以是线框图的打印输出）通常无法重复使用。它的优点在于：其一，纸原型设计和交流都不会受到场地和设备的限制。当你有一个很好的想法时或者当你正和高层探讨交流，他的想法需要你们在界面层面确认时，你可以快速利用身边的纸和笔画出界面，这远远比你打开电脑，用软件进行设计更加的快捷方便。从很多设计师的使用经验来考虑，纸原型相比屏幕原型，更加有助于进行思考。其二，常被用来在项目的早期进行可用性测试，能够让用户直接观看原型，并且说出他们的想法，设计人员可以现场改进设计，直到设计出符合用户需要的原型（图6-3）。

纸原型设计允许设计师在不使用数码软件的情况下对产品界面进行原型设计，即手绘产品的不同界面。虽然这是一种相对简单的技术，但当产品团队需要探索不同的想法并快速优化设计时，它会非常有用（尤其是在设计早期阶段产品团队尝试不同的想法时）。

使用此技术的好处包括：能充分利用基础设计技能，产品团队中的每个人都可以画草图，并且都能参与纸原型设计；能支持早期测试；能支持快速实验，

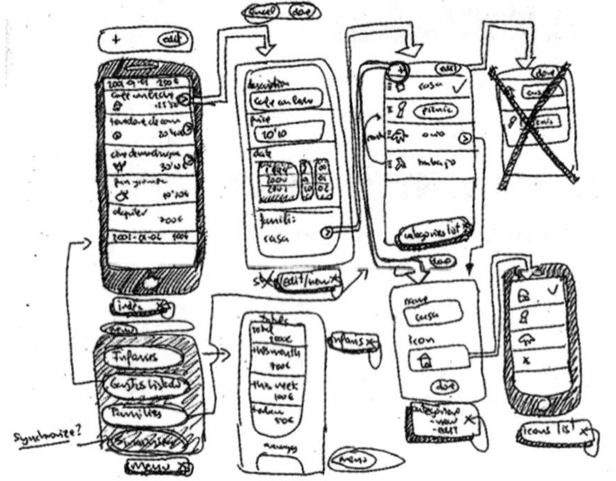

图6-3　纸原型设计

不同的用户界面元素可以画出来，剪切，复制等，然后组装在新的纸上，还可以模仿复杂的交互，如滚动效果；方便调整，设计人员可以在测试期间更改原型，并且可以快速绘制出来或擦除部分设计；至少需要两人测试产品，一个人作为协调者（"计算机"）跟进测试人员完成测试，而另一个人将实际测试App；很难传达复杂的操作，纸原型不太适合用于视觉复杂或高度交互的界面。

综合考虑，建议仅在设计的早期阶段，项目在抽象阶段或形成阶段时，才使用纸原型。团队进入设计过程越深入，纸原型与最终产品之间的差距就越大。

## 6.2.2　线框图

线框图（Wireframe）是一种基于屏幕创建的界面原型，还是产品页面的可视化表示形式，相比纸面原型，线框图具有创建容易，更易维护和更新的特点，设计人员可以使用它来排列页面元素。线框是用户界面的概述，确认它的内容，设计和设计功能，常是黑白色，剔除细节性的图片和图像。线框可以作为低保真原型的基础，与纸原型一样，可点击线框图通常看起来不像成品，但它们确实比纸原型具有一个显著的优势，即它们在测试期间不需要单独的人员跟进。线框可在纸上，白板或者软件上创作。借助特定软件创建的原型，可以通过调用鼠标行为事件等，更为逼真的演示上线后的产品结果，因此是一种使用最广的原型（图6-4）。

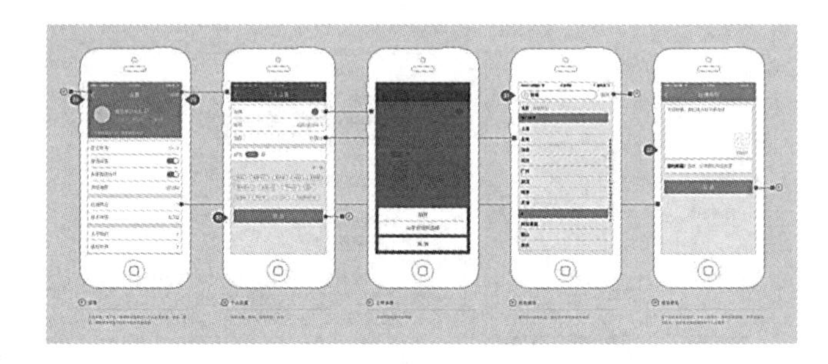

图6-4　一个线框图实例（来源：站酷网）

线框图，在Web开发和软件开发项目中线框扮演着极其重要的角色，因为它能允许开发者和客户在项目搭建中可视化网页。线框图提供了一个供特定用户查看界面的大体布局。友好性、易操作以及内容多样化对于网站来说非常重要，利用线框工具可以帮助你简化繁琐的设计过程为你节省时间和精力，所以在创建的时候，需要明确：

（1）有助于查看梗概。只是大概、很粗略地显示内容，故不必进行过于细节的设计：不关心视觉设计和突出品牌，故不必强调视觉和形式的设计。

（2）有助于表明信息和控制的组织形式。重要信息应放在重要的位置，相关的信息应该进行聚合，信息之间的重要程度应区分和排序，分清信息层次。所以在开始进行线框图设计的时候，不必进行太细节的设计，而只需要表明每个区块信息有什么，相应的设计模式，以及大致的形式。随着需求的不断细化，技术的不断改进以及业务规则的不断明确，我们可以展示更具逼真度的原型。

使用此技术的好处包括：

（1）可以复用现有设计交付成果。在设计过程的特定阶段，你将获得代表产品UI设计的线框图或草图。在大多数情况下，可以使用它们创建可点击的页面流程。

（2）可轻松更改布局。设计人员可以轻松地根据用户反馈调整线框图，并重复测试过程。使用合适的工具，可以轻松创建或修改点击原型，而无需花费大量额外时间。

（3）可以使用专门的原型设计工具，比如墨刀，这些工具有一个关键的优势：无需切换，即可做完从低保真到高保真的全部原型。

（4）低保真（lo-fi）原型设计是将高级设计概念转换为有形的、可测试物的简便快捷方法。它最重要的作用——检查和测试产品功能，而不是产品的视觉外观。

### 6.2.3 低保真原型和高保真原型

在实际的产品设计中，根据项目的进展与对产品的理解情况，我们可以展示不同细节程度的线框图原型，依据细节的展示程度我们可以将原型分为低保真原型和高保真原型。

低保真原型的基本特征有：在视觉设计上，仅呈现最终产品的一部分视觉属性（例如元素的形状，基本视觉层次等）；在内容上，仅包含内容的关键元素；在交互性上，原型可以由真人模拟。在测试期间，熟悉页面流程的设计师就相当于一个“计算机”，实时手动呈现设计页面。此外，也可以给线框图制作交互效果，这种称为“交互线框图”。

低保真原型的优点：成本极低，速度快，可以在5～10分钟内创建一个低保真纸原型，让产品团队可以毫不费力地探索不同的想法；刺激小组协作，不需要什么特殊技能，能够让更多人可以参与到设计过程，即使是非设计师也可以在创意过程中发挥积极作用，团队成员和利益相关者对将来的项目有了更清晰的期望。

低保真原型的缺点：测试期间的不确定性。使用低保真原型，对于测试者来说，容易不清楚到底什么本来是有效的，什么不是。另外，低保真原型需要用户充分的想象力，也限制了用户测试的效果；使用这种类型的原型想要传达复杂的动画或转场效果是不可能。

高保真（Hi-fi）原型的呈现和功能，尽可能倾向于发布的实际产品。当团队能深入了解产品的预期，需要与真实用户一起测试，或获得利益相关者的最终设计批准时，通常会创建高保真原型。

高保真原型的基本特征包括：在视觉设计上，逼真细致的设计其所有界面元素、间距和图形看起来就像一个真正的App或网站；在内容上，设计人员使用真实或类似于真实内容。原型包括最终设计中显示的大部分或全部内容；在交互性上，原型在交互层面非常逼真。

高保真原型的优点包括：可用性测试期间能够获取有意义的反馈，测试参与者会有像他们正在与真实产品交互一样的自然地表现；对特定UI元素或交互的测试，借助高保真交互性，可以测试平面元素或特定交互，比如动画过渡和微交互；能够轻松获得客户和利益相关者的认同，适合向利益相关者演示，它使客户和潜在投资者清楚地了解产品应该如何工作，一个优秀的高保真原型让人们对你的设计感到兴奋，但低保真的原型则不然。

高保真原型的缺点包括：成本较高。与低保真原型相比，创建高保真原型意味着更高的时间成本和财务成本。

如图6-5所示，设计师在低保真原型中，展示了基本的内容区块，大概的版式，通过色彩将相近的信息进行了区分，在图6-6的高保真原型中，我们可以看到已经非常接近线上的真实版本，完整地呈现了导航、版式，每个内容区块具体的信息形式，完整的设计模式，链接的颜色，等等。

在项目中如何合适的展示逼真度是非常重要的问题。在产品的概念阶段，我们只需要展示集中功能层面，界面上要大概承载几个功能；在产品功能确定后，我们可以逐步将功能和信息块细化，增加设计模式；在视觉设计阶段，可以将界面更加精细化，增加细节、样式、色彩，更接近线上发布版本。所以，重要的是将注意力集中在产品团队手头上的紧要问题。不要关注太多的细节，直到设计的关键组成部分已经确定。解决更多、更详细的问题可以通过一步步的增加线框的保真度来解决。

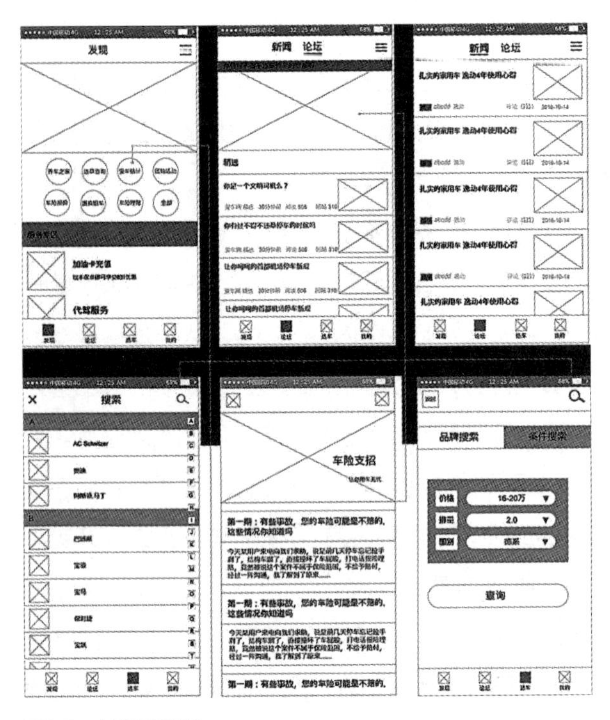
图6-5 低保真原型

图6-6 高保真原型

## 6.3 怎样进行原型设计

进行原型设计，有以下几种技巧：使用合适的设计模式、有效的可视化交流和选择合适的原型工具。

### 6.3.1 使用合适的设计模式

设计模式（Design pattern）是在某种环境中对反复出现的问题以及解决该问题方案的描述。通俗来说，就是面向一类问题时所使用的设计手段。比如产品需要扫二维码，那么就需要照相按钮；购物页面信息冗杂，可以提供搜索栏。但对于遇到多种选择的情况，就需要提供复选框（CheckBox）。一般情况下，设计模式跟随系统自带，被称为控件库。有着标准化、流水线的特点。但是随着互联网产品集中爆发，设计模式已经很难对同一问题提出解决办法。同一个搜索栏，在不同的产品，所展现的形态也不同。要具体问题具体分析，不同产品，设计模式不同。总而言之，设计模式始终有一个不变的原则：设计模式要提供可见性，便于用户理解与使用，是什么就要像什么，似是而非是设计模式中的大忌。

### 6.3.2 有效的可视化交流

可视化交流是利用计算机图形学和图像处理技术，将数据转换成图形或图像在屏幕上显示出来，并运用各种视觉元素，帮助用户快速接受理解界面所传达出来的信息，引导用户按时间顺序进行体验。不同于传统的视觉传达重视信息传递的特点，可视化交流重视的是信息可用性，信息的分类与组织，方便用户的使用与用户体验。

知觉理论也被称为完形理论，格式塔理论。它描述的是人类视觉从神经系统对事物的感知方式，人类视觉是整体性的，我们会对看到的事物自建结构，并且在神经系统层面上感知形状，图形和物体，而不是单独的互不相关的边、线、区域。

1. 将内容清晰化

面对复杂多样的信息元素，对他们进行分类分组，边阅读边理解。图6-7是几种可视化信息分组模式。接近性：元素相近并成一组，相似性：形状，大小、颜色相似，连续性：通过基本样式合成一组，闭合性：在组元素之间有空间分割。

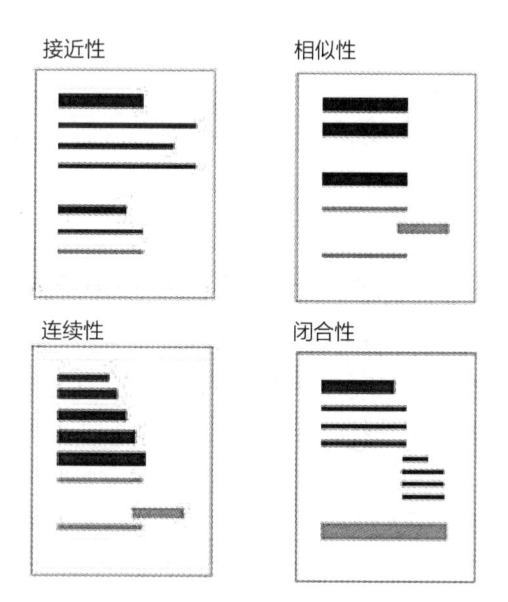


图6-7 清晰内容排版的四种方式

2. 关联

知觉原理中的相似性通常和接近性一起运用在产品设计中。它指出了影响我们感知分组的另外一个原则：有共同视觉元素的物体看起来更有关联性。我们倾向于将看起来相似的对象视为一组或者一个模式，并且将它们与特定含义或者功能联系在一起。如图6-8所示，颜色、纹理、形状、方向、尺寸都可以成为我们所理解的关联元素。

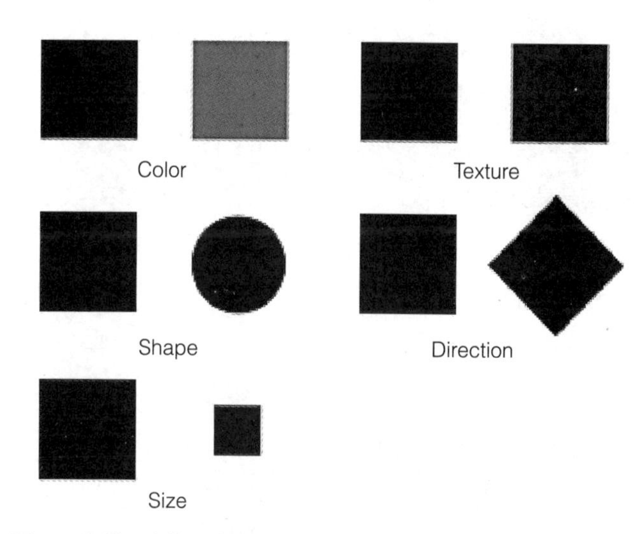


图6-8 视觉元素的五种关联形式

3. 如何看网页

图6-9是关于“用户是如何看网页”的研究，左侧图片是设计师希望用户的阅读顺序，右图是实际的阅读方式，快速环看四周，只捕捉有趣的信息，如果符合自己的意向就点击，如果不是想要的，就重新浏览。用户对屏幕阅读采用的是扫视方式，对吸引人的信息投入更多的关注，所以进行有效的设计就是通过设计手段告诉用户哪些是有价值的，为他们的浏览提供向导。

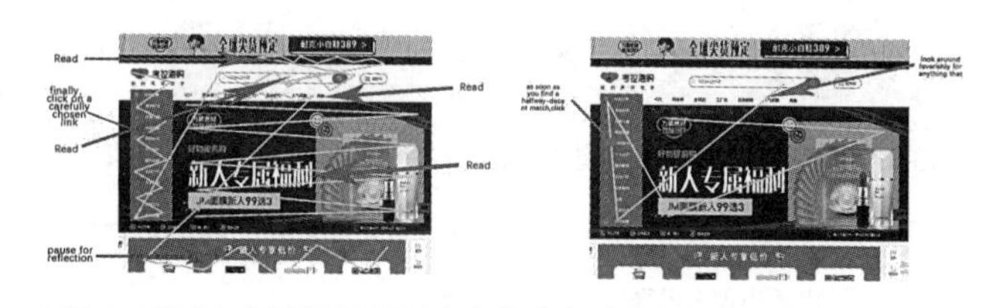


图6-9 用户如何看网页-设计师的期待与真实之间对比

4. 创建有效的视觉层次

（1）设计师通过排版将文本内容以最适宜用户感知的方式组织起来。通过合理的选择字体样式和排版布局，使最重要、最迫切需要被用户关注到的内容凸出显示。字体的大小、色彩和字体都在样式调整的范围内。

（2）对模块层次进行区分，尺寸大小差异化的手段，因为大的比小的更重要，这种认知是根深蒂固的。所以用户会自然而然地关注到尺寸较大的文本和尺寸较大的图。

（3）合理运用色彩元素，不同色彩可以轻松分成层次结构。如图6-10所示，该页面层次鲜明。图6-11所示的页面排版上、字体的选择、核心信息表达复杂，只是将信息进行了简单的分类，没有层次。这是常见的通病，可以运用样式规范（style guide）进行规范。

图6-10　视觉层次清晰的设计例子：淘宝界面

图6-11　视觉层次不清晰的设计例子：2345游戏

5. 典型的可视化交流问题

当把可视化交流看作艺术性的设计活动时，因为没有标准所以评估变得很困难。如果从信息的组织和有效呈现的角度看待时，就有了一个全新的角度，以相对客观的方式去看待设计。以下是在原型设计时常出现的一些问题。

（1）质感过于强烈时、对信息本身的关注会有影响。通过完形理论，对整体有一个判断，才会理解这是什么样的产品，接下来会实现哪些功能、需要哪些操作。质感过于强烈时，会产生喧宾夺主的效果，用户会把更多的注意力放在质感上，这样会影响用户对产品整体的判断和理解。图6-12整体形式很不错，但是用了大量的质感和图层效果，难以操作与理解。质感强烈的设计适合信息较少、简单的产品。信息复杂时，要更加注重信息的结构与传达，而不是形式。

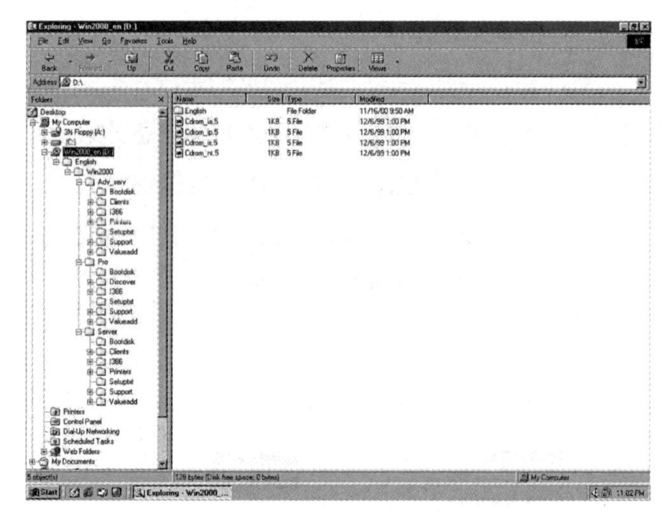

图6-12　质感过于强烈的界面设计例子

（2）强烈的视觉元素，会干扰认清设计模式：在图6-13所示中，采用了很多视觉元素，线、不同方向的箭头。想一下，用户在看到这个界面时。它是否有利于用户快速理解，接受信息。而不是首先将注意力放在强烈的色彩与图形上。

图6-13　强烈的视觉元素影响认清设计模式

### 6.3.3 使用Axure设计线框图

Axure RP可以使设计者，快捷而简便的创建基于网站框架图的带注释页面示意图，操作图以及交互设计，并可自动生成用于演示的网页文件和规格文件，以提供演示与开发。线框图是产品设计的低保真呈现方式。它有三个简单直接而明确的目标：呈现主体信息群、勾勒出结构和布局、用户交互界面的主视觉和描述。正确得创建了线框图之后，它将作为产品的骨干而存在。它就像一幢建筑的蓝图一样，将细节规定得明明白白。Axure RP有以下优势：内置很多设计模式，快速创建带注释的wireframe文件，还可以自动保存文件、内置大多数的widget可以对一个或多个事件产生动作，包括onClick和onMouseOver以及onMouseLeave等、输出的文件可用于早期的测试，并根据反馈修改版本，甚至现场修改版本。

线框图的制作是快速而廉价的，特别是当你使用诸如UXPin、Balsamiq这样的软件来制作的时候。当然，线框图也理所当然是在设计之初就使用这些工具来制作。比起创建一个完整细致高保真的线框图，搜集反馈信息来得更加重要。为什么这么说呢？一般而言，大家更注重软件的功能、信息架构、用户体验、用户交互流程图、可用性，这些东西，而不是考虑这些因素的美学特征。同时，在这种情况下，根据需求进行修改也无需涉及代码调整和图形编辑。

尽管原型工具为我们提供了很多的方便，但是也同样要加强纸面原型能力，因为这是设计师可以随时随地开展思考和设计的好方法。

# 第7章

# 交互设计的创新性研究及发展趋势

交互设计以人为核心，以用户体验为最终目的，是一种将产品从技术化转变为智能化，同时满足人们情感需求的设计方法，在仅仅几十年的信息时代迅速成为新的设计引擎，为产品创新提供了巨大的空间。现代社会物质文明迅速发展，像交互设计这般超越功能与形式的新兴设计理念逐渐产生且日趋重要，对其研究也日新月异，研究成果更是层出不穷。

交互设计的创新性是指探索性设计和独创性设计的相互结合，此时交互设计已经不再是传统意义上的“设计”了。通常情况下，包括了对最新技术的研究掌握，对人们需求的深刻理解，对社会文化背景的了解以及对人性的关注，等等。交互设计创新难度大且伴随着较大风险，但也在不断推动着整个行业和领域的向前发展。

本章主要介绍交互设计最前沿的风景，带你领略技术和艺术高度结合的产品魅力，揭示未来的交互设计趋势。

## 7.1 交互终端设备及技术

### 7.1.1 交互终端设备概述

这里我们说的终端，指的是计算机系统的显示终端，是计算机系统的输入、输出设备。计算机显示终端伴随主机时代的集中处理模式而产生，并随着计算技术的发展而不断发展。迄今为止，计算技术经历了主机时代、PC时代和网络计算时代这三个发展时期，终端与计算技术发展的三个阶段相适应，应用也经历了字符哑终端、图形终端和网络终端这三个形态。

终端设备分为通用的和专用两类。通用终端设备泛指附有通信处理控制功能的通用计算机输入输出设备。通用终端设备按配置的品种和数量，大致上分为远程批处理终端和交互式终端两类。本章讨论的终端设备就是属于直接面向大众用户的交互式终端范畴。交互设计关注的就是人与机器间的互动和交流，这过程中依赖的媒介就是各式各样的硬件设备，即交互式终端，往往由输入和输出设备组成。

### 7.1.2 交互终端设备的技术及种类

各种输入输出的硬件设备就是我们进行产品设计或创新的交互设计最基本的依赖和灵感来源，下面简要介绍几种最为常用的终端交互技术：

1. 按键输入

按键输入指通过键盘按键，鼠标左右键，遥控器上的按键等输入，这类的交互方式是最传统也是最广泛使用的，现在几乎存在于所有的电子产品里面，通过按键来传达一些设定好的命令，图7-1为汽车交互中的按键。物理按键给用户良好的触感反馈，对于汽车及大型机床的交互而言，有着重要的价值。

优点：简单直接，最易被大家熟悉和习惯，按键对应了相关的指令，使用方便。

缺点：随着功能的多元，当指令越来越复杂的时候，按键数量和组合会变得相当繁杂，在固定的大小下集成的按键越来越小，难以寻找和辨认，要熟练使用往

图7-1　汽车上的按键

往需要很多时间去学习和掌握，并且设备所占空间较大。

未来：作为基本命令的指令按钮会继续存在于几乎所有的电子产品中，比如开关，声音控制，等等，而大面积的按键设备将会逐渐被淘汰，转向不占空间集成量更大的触摸设备。

2. 触摸屏

一种融合显示器和输入设备的交互媒介——触摸屏在科技的不断发展下已成为现今人气最高的输入设备。目前，触摸屏已经广泛运用在家用、展馆售票终端、通信设备、控制终端等领域，其对人们生活带来的便利毋庸置疑。

优点：它满足了在一个有限的平面范围可以通过层级关系提供较多比较复杂的指令集合，将输入设备和输出设备整合在一起，减少了体积占用，同时将输入输出整合到一起也更加符合人类认知和反馈的习惯，如图7-2所示，触屏实现了交互自然化的显著提高，即便是幼儿也可以操作。

缺点：按压的灵敏度和准确度依然是技术上要解决的问题，而且当产品本身很小时，屏幕也变得很小，就不是那么方便使用手指点击来选择。并且大量大面积的液晶显示触摸屏的利用在成本上高过传统的按键。

未来：随着多点触摸技术和压感技术的日益提升，触摸屏也变得越来越直观和人性化。人们可以通过压力的大小来控制一直连续变化的量，如模仿

图7-2　触屏智能设备

人的笔触等。在各种媒体终端上，触摸屏技术将会进一步普及。同时触摸屏也会在汽车、飞机、厂房等各种需要具有电子设备的地方发挥重大作用。

3. 传感器输入设备

通过可感知无线红外线、重力感、压力感等传感器（Sensors）为主的输入设备。它们通过内置的感应器来感知外界动作，如光变化、重力方向、相对位移等，通过数据传输达到控制机器的目的，如数位板上的红外线传感，Wii游戏机使用的重力传感及汽车上安装的防碰撞传感器（图7-3）。

图7-3　汽车上安装的传感器

优点：用户不用再记忆和学习大量操作和命令，操作也变得简单和流畅容易掌握，凭借现实生活中的经验就会使用。

缺点：Sensor的敏感度和精确度是不变的问题和难题，还是很难模拟出和现实感觉完全一样的设备，所以用户也不得不先适应。同样的，成本和花费都大大高于传统设备。

未来：将会在娱乐游戏方面有更广泛的应用。在一些教学系统虚拟运动，家用电器上会有比较好的应用。

4. 眼球感应设备

眼球感应是运用红外线等技术追踪来感应眼球及瞳孔的移动，达到控制方向的目的。目前此项技术尚未成熟，在残疾人等一些无法使用其他输入设备的人群中具有良好的前景（图7-4）。

优点：释放了双手，只需利用眼球就可以达到人机交互的目的。

图7-4　眼球感应设备

缺点：眼球是人类接受信息的工具，通过眼球进行信息的输出，会影响到眼球接受信息的能力。同时，眼球过小，头部位置不固定，眨眼睛等人类行为习惯对眼球感应设备也是一个巨大的挑战。

未来：在残疾人群体的人机交互上会具有很好的发展前途。

5. 声控设备

声控设备已经经过多年的发展，技术上日渐成熟。它被应用于电话拨号身份认证，控制终端等地方。与眼球输入设备一样，它同样释放了双手，以声带作为输入载体，通过与机器原先储存的声音进行匹配达到输入的目的（图7-5）。

优点：只需要动口，而且忽略输入时各种身体动作产生的影响，个人适应性强。

图7-5　声控设备

缺点：受到全球不同语言的限制，要在全球推广除了开发一套模式化操作发音外，就只能通过开发多种语言内置匹配音库，同时，语音输入易受到周围嘈杂环境的干扰，另外识别的准确性也是一个需要解决的问题。

未来：在保安系统智能够发挥比较突出的作用，同时比较多是作为其他交互方式的辅助方式来运用。

6. 投影交互

投影输入设备是通过投影仪投影，操作者通过在投影仪与投影屏幕之间的阻隔产生的阴影来控制机器，这也是较新的未成熟的交互设备。

优点：脱离输入硬件的限制，即使“手无寸铁”也能轻松操作。

缺点：在输入时会挡住一部分的画面，造成对反馈信息阅读的障碍。

未来：在大型展示、娱乐方面会有比较好的发展前景（图7-6）。

图7-6　投影输入设备

7. 三维步态定位设备（图7-7）

三维步态定位设备是较新的适用性较广的交互方式。它内置有三维步态感应器，机器能够感知在三维空间内感应器的移动，从而达到在三维空间控制机器的目的。

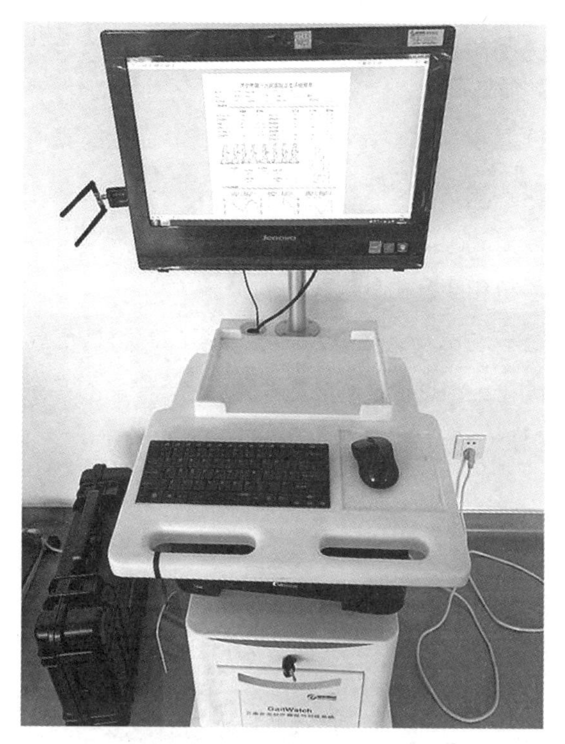

图7-7　三维步态定位设备

优点：能够在传统鼠标二维的操作面上再加一维，达到如同现实的三维空间操作的目的。更加贴近人类的生活体验，是鼠标的扩展。在三维平面或者立体显示器的支持下，它将大大地改观人们对电脑的操作体验，所有传统平面的操作都将变成三维空间操作。

缺点：在三维空间中进行操作，支撑是一个问题，如何才能减少人的肌肉疲劳，同时，此项技术是在鼠标上的改进。在娱乐展示上也能发挥很大的作用。

在产品交互设计领域，还是有很多想象空间的。它不仅仅是界面交互，更多的是要设计用户与空间、时间、触觉、视觉、听觉、嗅觉等各种感官的交互体验。随着技术的推移，界面也会逐步从二维的平面拓展到三维的空间，不管是电子纸（ePaper），还是投影技术，或是体感技术都会让产品界面变得能承载更多内容、复杂的交互。未来的设计人员可能会使用数据手套和头盔等先进的虚拟现实设备从事交互设计工作，操作人员则可能用语音或姿势进行直觉式输入（图7-8）。

图7-8　数据手套

在创新研究领域，不得不说的杰出代表就是麻省理工学院的媒体实验室了（MIT Media lab）。对于最新技术和创新产品的关注，媒体实验室每年有大约300个研发项目，是世界公认最具有前瞻性的创新研究。

麻省理工学院媒体实验室成立于1980年，现拥有50名教授和科学家，下设33个研究小组，在读博士和硕士研究生有150名，每年研究经费为3000万美元，其中75%来自企业界近150家公司的赞助。实验室的研究范围为传媒技术、计算机、生物工程、纳米和人文科学。现已成立的研究小组有：分子计算机量子计算机、纳米传感器、机器人、数字化行为、全息技术、模块化媒体、交互式电影、社会化媒体、数字化艺术、情感计算机、电子出版、认知科学与学习、手势与故事、有听觉的计算机、物理与媒体、未来的歌剧、软件代理、合成角色可触摸媒体以及视觉和模型等。

以下是几个典型例子：

（1）电子油墨：微米级的电子小球包裹纳米级的电场感应材料。电子小球可以被印刷在普通的纸张或塑料上，以显示文字、照片、动态图像。通过电子油墨技术将生产出非常廉价的显示器（图7-9）。

图7-9 电子油墨屏

（2）可编程催化剂：纳米级的催化剂材料可以被电磁波控制以改变其方向及温度。这种可编程催化剂的发明可能引发生物工程、化学工业、制药工业等新的革命。

（3）超通讯：新型点对点通信方式将有可能使市内无线电话直接通话而无须通过无线运营商的基站。

（4）穿戴计算机：智能电脑可以被穿在身上，就像我们戴的眼镜和穿的衣服一样，并且人机交互是针对具体的环境。可穿戴计算机扮演的就是一个智能化的电脑助手角色，它可以采集身体的数据，传输给电脑，如心跳、脉搏和体温等（图7-10）。

图7-10 可穿戴设备

（5）便携式发电机：超小型便携式手动发电机可以为手机临时充电。

（6）智能家居：超小型廉价无线传感器智能控制室内温度、光照、安保、电器及通信。

（7）便携式激光投影仪：笔头大小的激光投影仪可用于手机和便携式电脑。

（8）玩具式学习工具：寓教于乐的高科技玩具。乐高公司已经将这项发明成功地商品化，产品的名称是“脑力风雹（Mindstorms）”（图7-11）。

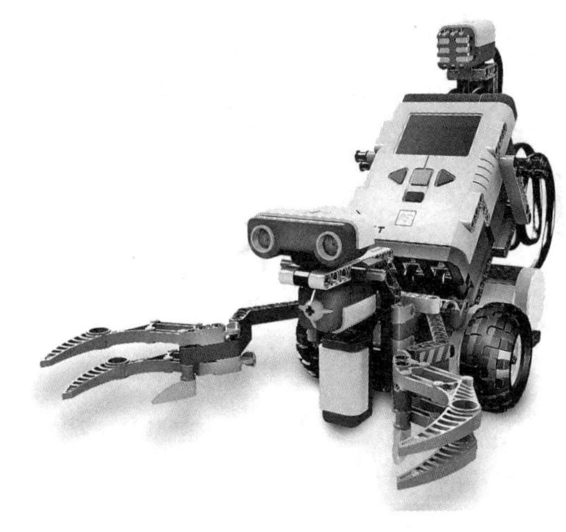

图7-11 脑力风雹（Mindstorms）

## 7.1.3 移动终端及交互

1. 移动终端概述

从上一节的内容看，交互终端设备的技术及种类繁多且正在经历日新月异的发展，网络通信技术和信息数字化为未来的交互设计提供了更加多的可能性。在移动互联网的发展领域，硬件技术，通信技术和产品服务的融合，使得移动终端的交互设计不仅仅只是依靠硬件功能，而是硬件技术和服务式应用的融合。美国施乐（Xerox）公司PARC研究中心的Mark Weiser在1988年首先提出了“普适计算”（Ubiquitous computing）的概念。随后1999年，IBM也提出普适计算（IBM称之为pervasive computing），即为无所不在的，随时随地可以进行计算的一种方式。跟Weiser一样，IBM也特别强调计算资源普遍存在于环境当中，人们可以随时随地获得需要的信息和服务。普适计算涉及分布式计算、移动计算、人机交互、人工智能、嵌入式系统、感知网络以及信息融合等多方面技术，中心思想强调计算机无处不在又要在人们的视线里消失。在人们的日常活动中，除了计算技术的支持外，这种概念的提出也需基于交互终端的可移动性。移动终端的兴起及智能化意味着产品的具有一定的计算和判断能力，而移动则意味着产品交互无处不在。从第一代大型计算机到目前的智能手机，人们和计算机或者产品的交互从大型机房到家庭再到马路，从工作娱乐，到现在的无时不在。移动智能终端正在改变我们的生活，也成为未来产品设计开发创新中重要的方向。

移动终端即移动通信终端，是指可以在移动中使用的计算机设备，其移动性主要体现在移动通信能力和便携化体积。广义上讲包括手机、笔记本、POS机甚至包括车载电脑等。其中最常见的就具有多种应用功能的智能手机（图7-12）。

图7-12　智能手机

随着网络和技术朝着越来越宽带化的方向发展，移动通信产业将走向真正的移动信息时代。随着集成电路技术的飞速发展，移动终端已经拥有了强大的处理能力，移动终端正在从简单的通话工具变为一个综合信息处理平台，进入智能化发展阶段，其智能性主要体现在4个方面：其一是具备开放的操作系统平台，支持应用程序的灵活开发、安装及运行；其二是具备PC级的处理能力，可支持桌面互联网主流应用的移动化迁移；其三是具备高速数据网络接入能力；其四是具备丰富的人机交互界面，即在3D等未来显示技术和语音识别、图像识别等多模态交互技术的发展下，以人为核心的更智能的交互方式。

今天的移动终端不仅可以通话、拍照、听音乐、玩游戏，而且可以实现包括定位、信息处理、指纹扫描、身份证扫描、条码扫描、RFID扫描、IC卡扫描以及酒精含量检测等丰富的功能，移动终端已经深深地融入我们的经济和社会生活中，为提高人民的生活水平，提高执法效率，提高生产的管理效率，减少资源消耗和环境污染以及突发事件应急处理增添了新的手段。

2. 移动终端的特点

（1）单机软件对硬件功能不断发挥和扩展

当硬件功能和性能都达到一定程度时，会有越来越多的应用软件出现。在充分发挥出硬件产品性能的同时，也满足用户的多类不同需求。苹果的App Store就是一个非常成功的例子，使软件应用的开发利用了智能手机优秀的硬件配置，将技术的边缘和限制推得越来越远（图7-13）。

图7-13　App Store

（2）终端产品和内容服务的融合

用户通过移动终端可以获得诸如通信、数据、娱乐、购物、位置、餐饮等等方面的服务，热门的Las（Location Based Service）应用，就将GPS等移动互联网技术很好地利用起来。

（3）跨越终端平台的云服务

随着移动宽带技术，产品性能，用户习惯培养，应用服务的发展以及产业链和运作模式的成熟，云技术的前景将非常诱人，届时硬件端将不再是简单的一个个电子产品，它将成为人人都离不开的“私人助理”，用户不仅可以随时通过移动云获取想要的任何可以通过数据传输的信息，同时你的所到之处，它都会清晰的告知你周边的所有你想关注的相关情况，甚至你的衣食住行它都能够“安排”得井井有条，可以说是真正的“一机在手，万事无忧”，例如可以通过手机控制家具电器（图7-14）。

图7-14 智能家居服务

## 7.2 交互创新方式的发展

随着移动计算和网络的发展，在移动终端智能化的基础上，未来交互方式将有更大的发展空间，人机交互将更加的智能化和自然化。现在较为热门的新兴交互方式发展方向包括直觉式交互、脑机交互、可穿戴式交互和体感交互系统等。

### 7.2.1 直觉式交互

“需要集中精力浏览图标和菜单的应用，正在与我们渐行渐远。今后的界面将由卡片、通知和自然语言沟通主导。” PaulAdam（Intercom）传统的直觉式交互的过程是，用户在使用的过程中，猜测某项操作的结果，得到验证后完成一个从“应该是这样吧?”到“果然是这样”的思维过程，符合用户直觉的UI和交互逻辑会在用户初次操作的时候按照上述过程不断地进行匹配，不断验证用户直觉，即使操作中有若干设计不是那么顺畅，这个设计也能在总体上获得用户的信任。但是这种直觉式交互仍然停留在按钮和目录的层面上，新的直觉式交互的发展方向是放弃界面，以更自然更流畅的方式获取信息，使各年龄层的人，不论是否学习过电子产品使用，都能轻易获得所需要的信息，让内容主动找到所需要的人。这在苹果、谷歌等公司的产品中，都能看到痕迹。苹果推出了可以操作的通知，还会在iOS 8中推荐应用，方便用户直接在锁屏界面上完成某些动作。谷歌的Google Now（图7-15）则更进一步。这款数字助理可以与你的谷歌账号整合，理解用户所处的情境，以卡片的方式展示正确的信息。解锁手机后，便会在屏幕上了解到今天会下雨，上班路上的车流在增加，eBay订单已

图7-15 Google Now

经发出，以及今晚的冠军杯赛程等用户感兴趣的内容。

例如Spotify和Uber最近的合作协议，用户进入车内后，无需从口袋里掏出手机，即可将自己的音乐播放设备从耳机无缝转换到车载音响系统。

再者当我们使用电脑、手机等终端设备浏览信息时，即使没有设置兴趣圈，系统也可以通过分析浏览内容的相关性能自发向用户推送相关内容，借助大数据分析还可以在搜索中对用户目的进行分析，自动过滤用户兴趣圈以外的信息，并向自主纠正用户的错误输入。

依托于物联网、社交媒体和移动终端，大数据分析将使直觉式交互想着无界面，为门槛的方向发展。最大限度地体现用户输入和输出的信息量的差异，让用户体验到交互设计的魅力，这也是直觉式交互设计从20世纪80年代被提出以来一直经久不衰的重要原因。

## 7.2.2 脑机交互

脑机接口（Brain Machine Interface）就是研究如何用神经信号与外部机械直接交互的技术。主要分植入式和非植入式两大类，目前植入式主要面向医疗领域，非植入式面向健康人群。在交互中使用脑机接口的优势非常明显，它使得设计的面向人群更加广泛，即使是盲人，瘫痪者也可以使用脑机接口较为容易地获取所需要的信息，并且省去了肌肉运动等过程，输入的内容更直观，更精确。在游戏领域已经可以看到脑机交互的应用。

Emotiv System公司开发的一款脑电波头盔，使得键盘和手柄成为历史，利用脑机交互技术，就可以直接控制电脑游戏和其他应用。该设备用USB连接，类似于一个带着众多触手的头盔。在使用前需要进行一个短暂的、6秒的适应性测试，有点类似于语音输入前的个人语音培训。经过短暂的适应，在测试中，游戏者已经可以在众多的彩色方块中熟练控制特定的方块做出各种运动，比如让方块前进、后退或者消失等等，除此之外，这个控制器已经可以控制老式、简单的街机游戏（图7-16）。

图7-16　EEG脑波感应头盔

同样，由于脑机交互中得到的信息是十分直观地，很难具有欺瞒性，也可以被广泛用于条件约束过程中，例如将车辆作为目标，汽车就成为人类意识的外延，汽车可以与人脑直接相连。利用脑机交互技术，可以获取到很多现在无法得到的驾驶员的信息，而这些信息如果能够传递给汽车，那么驾驶的体验将会得到很大的提升。比如汽车可以监控驾驶员是否昏昏欲睡，是否注意力集中，是否处于不良情绪中等等。当汽车感知到驾驶员的疲劳时，可以自动的发出警报，开启收音机，摇下车窗甚至是自动停车。或者汽车感知到驾驶员处于暴怒的情绪，就会自动地为你调整速度，应用脑机交互技术提升驾驶的安全性（图7-17）。

脑机交互技术的缺陷也显而易见：

（1）需要佩戴电极帽并涂抹导电膏，不方便用户使用，每次使用都很复杂繁琐，用户体验不好；

（2）价格非常昂贵，整套脑电设备在几十万到上百万不等，普通消费者不能承担这个价格；

（3）采集到的脑电信号需要专门的软件和硬件进

图7-17 汽车驾驶疲劳检测系统

行解读，并且输出的大多是专业的数据和波形图这就限定了使用者只能是专业领域的科研人员或者医务人员，普通民众无法很好的使用脑电设备目前人类对于生物传感器的使用还停留在初始阶段，人类的身体构造很复杂，但是现阶段能被人们很好使的生物信号却很少。

这些缺陷也正是脑机交互这一交互方式未来的研究和发展方向。

### 7.2.3 可穿戴式交互

可穿戴设备，通俗地说就是一种可穿戴的便携式计算设备，可穿戴式交互是一种人机直接无缝、充分连接的交互方式，具有便于携带、体积小、可移动性强等特点，因此被视为未来交互设计的重要方向。可穿戴设备相关的交互技术主要有：

1. 骨传导技术，骨传导技术通常由两部分构成，一般分为骨传导输入设备和骨传导输出设备。骨传导输入设备，是指采用骨传导技术接收说话人说话时产生的骨振信号，并传递到远端或者录音设备。骨传导输出设备，是指将传递来的音频电信号转换为骨振信号，并通过颅骨将振动传递到人内耳的设备。目前在智能眼镜、智能耳机等方面，骨传导技术是比较普遍的交互技术，包括谷歌眼镜也是采用声音骨传导技术来构建设备与使用者之间的声音交互。

2. 眼动追踪技术，眼动追踪技术是一项科学应用技术，通常由三种追踪方式：一是根据眼球和眼球周边的特征变化进行跟踪，二是根据虹膜角度变化进行跟踪，三是主动投射红外线等光束到虹膜来提取特征。主要原理是，当人的眼睛看向不同方向时，眼部会有细微的变化，这些变化会产生可以提取的特征，计算机可以通过图像捕捉或扫描提取这些特征，从而实时追踪眼睛的变化，预测用户的状态和需求，并进行响应，达到用眼睛控制设备的目的。随着可穿戴设备，尤其是智能眼镜的出现，这项技术开始被应用与可穿戴设备的人机交互中。

3. AR / MR交互技术，增强现实（AR），是指在真实环境之上提供信息性和娱乐性的覆盖从而实现提醒、提示、标记、注释及解释等辅助功能，是虚拟环境和真实环境的结合。介入现实（MR），则是计算机对现实世界的景象处理后的产物。AR/MR技术可以为可穿戴设备设备提供新的应用方式，主要是在人机之间构建了一种新的虚拟屏幕，并借助于虚拟屏幕实现场景的交互。这是目前智能眼镜、沉浸式设备、体感游戏等方面应用比较广泛的交互技术之一。

4. 语音交互技术，语音交互是可穿戴设备时代人机交互之间最直接，也是当前应用最广泛的交互技术之一。尤其是可穿戴设备的出现，以及相关语音识别与大数据技术的逐渐成熟，给语音交互带来更广阔的发展前景。目前语音交互技术主要分为两个发展方向：一个方向是大词汇量连续语音识别系统，主要应用于计算机的听写机；另一个重要的发展方向是小型化、便携式语音产品的应用，如无线手机上的拨号、智能玩具等。

触觉交互技术，触觉交互是目前可穿戴设备产业中比较新的人机交互技术，对人机之间的信息交流和沟通方式将产生深远的影响。触觉交互研究如何利用触觉信息增强人与计算机和机器人的交流，其领域包括手术模拟训练、娱乐、机器人遥控操作、产品设计、工业设计等。触觉交互目前在沉浸式智能产品中有了一定的应用探索，将会是未来虚拟现实技术中，感知虚拟情境的一项重要技术。这些技术的发展为可穿戴式设备的发展奠定了基础，例如智能眼镜（图7-18）。

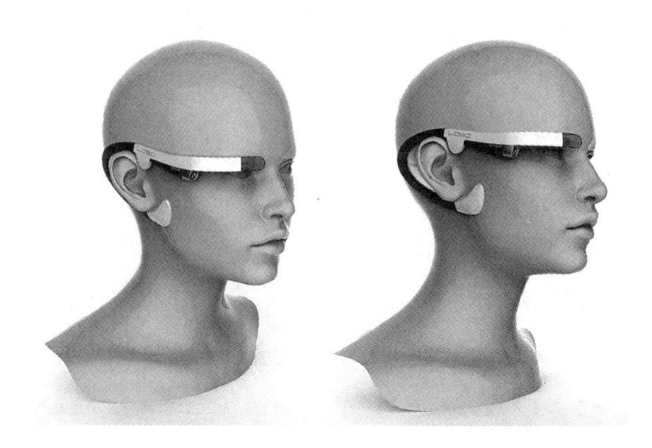

图7-18 智能眼镜

目前最广泛使用的可穿戴式交互设备之一是谷歌眼镜，Google Project Glass是一款增强现实型穿戴式智能眼镜。这款眼镜集智能手机、GPS、相机于一身，在用户眼前展现实时信息，只要眨眨眼就能拍照上传、收发短信、查询天气路况等操作。用户无需动手便可上网冲浪或者处理文字信息和电子邮件，同时，戴上这款“拓展现实”眼镜，用户可以用自己的声音控制拍照、视频通话和辨明方向。兼容性上，Google Glass可同任一款支持蓝牙的智能手机同步。Google Project Glass主要结构包括，在眼镜前方悬置的一台摄像头和一个位于镜框右侧的宽条状的电脑处理器装置，配备的摄像头像素为500万，可拍摄720p视频。镜片上配备了一个头戴式微型显示屏，它可以将数据投射到用户右眼上方的小屏幕上。显示效果如同2.4米外的25英寸高清屏幕。还有一条可横置于鼻梁上方的平行鼻托和鼻垫感应器，鼻托可调整，以适应不同脸型。在鼻托里植入了电容，它能够辨识眼镜是否被佩戴的。电池可以支持一天的正常使用，充电可以用Micro USB接口或者专门设计的充电器。根据环境声音在屏幕上显示距离和方向，在两块目镜上分别显示地图和导航信息技术的产品（图7-19）。

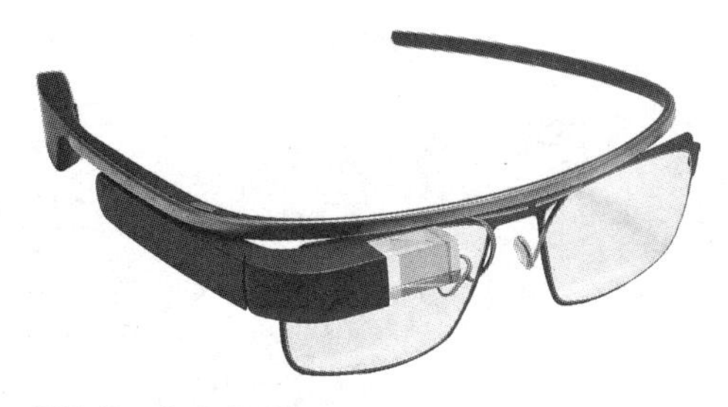

图7-19 Google Glass

5. 体感交互

体感技术（Motion Sensing）又称动作感应控制技术、体感交互技术，它是一种直接利用躯体动作、声音、眼球转动等方式与周边的装置或环境互动，由机器对用户的动作识别、解析，并做出反馈的人机交互技术。目前的体感交互技术主要有以下几类：

（1）采用惯性感测，具有手持设备但没有摄像头，利用无线信号将手持设备与游戏主机连接，采用指向定位及动作感应。利用指向定位使手持设备起到鼠标的作用，使用动作感应功能侦测持有者在三维空间当中的移动及旋转，结合两者可以达成所谓的“体感操作”。比较有代表性的设备是任天堂推出的“Wii”系列。

（2）采用惯性感测结合光学感测，具有手持设备和摄像机，采用红外摄像头发射红外光，经手持设备进行定位，通过3D空间的感测来实现“体感操作”。主要的代表产品是索尼推出的“PS MOVE+PS EYE”。

（3）采用光学感测、有摄像头但是没有手持设备，通过高分辨率的广角摄像头，采用类似“动作捕捉”方式来判断识别用户的姿势动作，来实现体感操作。主要的代表产品有PrimeSense推出的“Kinect”（2010）。Kinect使用户拜托了手持设备可以自由地使用体感设备，Kinect骨架追踪处理流程的核心是一个无论周围环境的光照条件如何，都可以让Kinect感知世界的CMOS红外传感器。该传感器通过黑白光谱的方式来感知环境：纯黑代表无穷远，纯白代表无穷近。黑白间的灰色地带对应物体到传感器的物理距离。它收集视野范围内的每一点，并形成一幅代表周围环境的景深图像。传感器以每秒30帧的速度生成景深图像流，实时

图7-20　Kinect

3D地再现周围环境（图7-20）。

目前对Kincet的二次开发是体感应用的热门方向，基于Kinect的骨骼映射及识别系统，体感交互的相关研究不断发展，更多的体感交互方式和体感交互产品不断出现。

6. 交互设计语言的发展

面对交互设计，卡片化，图层化，简单化的方向新方向，新的设计语言和二次开发平台作为支撑和开发基础也有着新的发展方向。

在2014年的谷歌I/O开发者大会上，谷歌设计部门副总裁马提亚斯·杜亚特向世界各地的开发者们展示了其全新的设计语言Material Design。“Material”译为材料，设计中通常指拟物和扁平风格。不过此次谷歌的Material Design并不是一种系统界面设计风格，Material Design其实是单纯一种设计语言，它包含了系统界面风格、交互、UI等，谷歌希望作为一种纯粹的设计语言，“Material”可以横跨所有新的交互设计端口，成为一种有统一性的设计语言（图7-21）。

Material Design的设计风格以“鲜明、形象、深思熟虑”为标准，借鉴了传统的印刷设计、字体版式、网格系统、空间、比例、配色、图像使用，为安卓提供了新的视觉语言，构建出视觉层级、视觉意义以及视觉聚焦。选择合乎比例的字体、留白，以构建出鲜明、形象的用户界面，使得新的系统界面简洁优雅。在色彩上Material Design使用“大胆、图形化、有意义”的色彩配置。UI配色基本使用一种主色，一种互补色。在区域较大部分的色彩采用主色的500色调，区域较小的部分例如状态栏采用700色调。使得界面看起来非常的大胆、充满色彩感，又不显得缭乱，凸显所要表达的内容。谷歌官方文档《Material Design排版边距》中指出Material Design将第一基线放在距离边界16dp处，文本项所对齐的第二基线位于距离左边界72dp处，这种基线排布规则让界面看起来清爽、具有印刷设计的阅读节奏感。便于用户快速阅读信息，符合格式塔原则。

Material Design的交互设计上采用的是响应式交互，这样的交互设计能把一个应用从简单展现用户所请求的信息，提升至能与用户产生更强烈、更具体化交互的工具。当用户点击屏幕时系统会立即在交互的触点上绘制出一个可视化的图形让用户感知到，例如

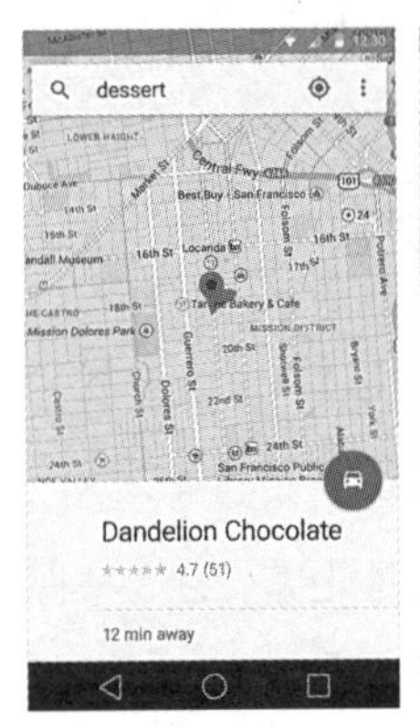

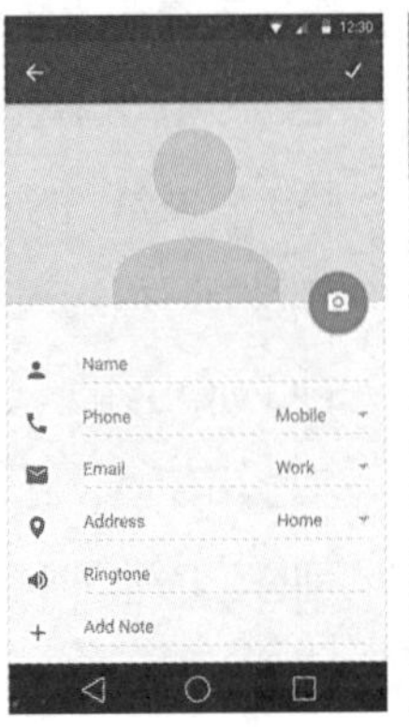
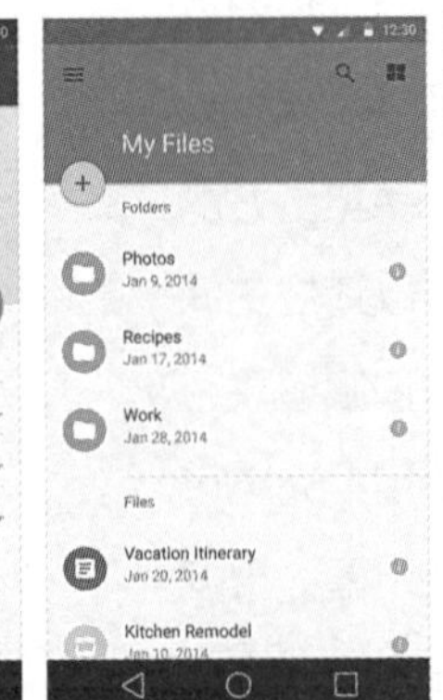

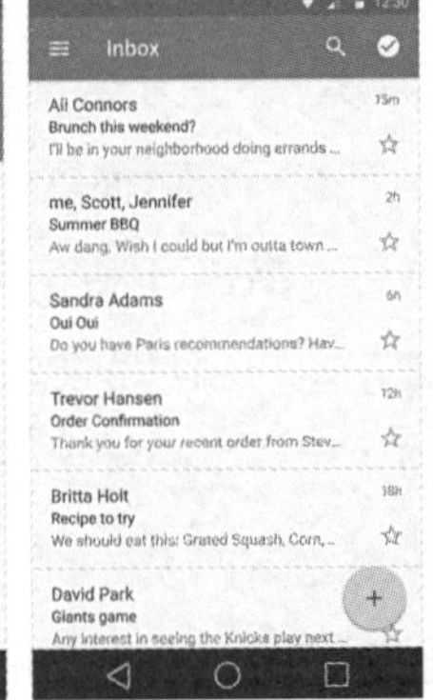

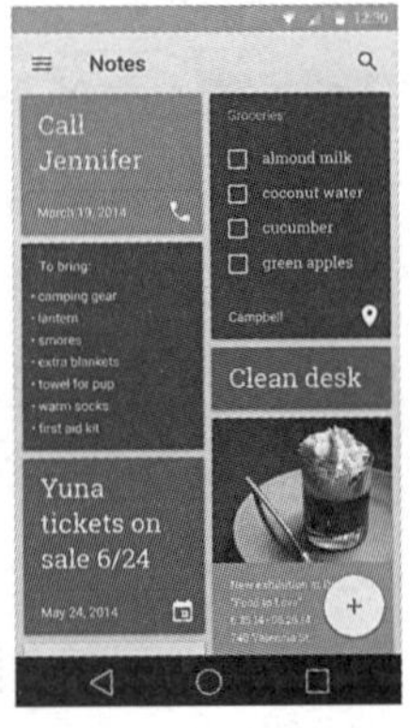


图7-21　Material Design

当用户点击屏幕时、使用麦克风时，或者键盘输入时，会出现类似于墨水扩散那样的视觉效果形状。响应式交互中的点击浮动交互，卡片元素或可分离元素被激活，在界面中浮起以表明正处于激活状态。

对于安卓来说Material design的出现具有划时代的意义，它使得安卓在界面设计语言上可以与IOS系统比肩，也同样说明交互设计中的设计主流正向着卡片化、图层化、简单化的方向发展。

## 7.3 交互式产品创新设计理念及原则

未来的交互设计研究内容涉及众多的学科，已经远远超出传统意义上的跨学科范畴。如电影与网络技术结合，发展了对交互式电影的研究，使人们可以根据喜好看到不同的电影结局；如网络与社会学结合，产生了对社会化媒体的研究成果，已经成为现代人们日常生活不可缺少的社交场所；电子工程与认知心理学结合，产生了认知学习玩具，使自闭症儿童有了与正常社会交流沟通的媒介；同传统学科相比，这些新学科的交叉范围更加广泛，更具探索性，同时蕴涵着巨大的商业空间。

随着工业现代化和自动化水平不断提升和快速发展，将一项实验领域的技术迅速投入生产的商业化过程也变得越来越容易。技术和量产之间的距离变得非常近：这就对设计提出了更高的要求，如何使新的思路和创意充分发挥出技术的优势，独特地巧妙地解决用户的需求，往往是商业上能否功的关键。

全球范围的企业界、学术界、政府机构等多方位共同关注，使得设计创意研究与现实社会的结合非常紧密。企业界和政府机构提供了赞助和合作机会引导了交互式产品趋势和研究目标；学术界提供了最新最炫的技术和可行性方案，使美好的创意可以更快地与用户见面。正是这种开放性使得研究人员和设计人员不断获得创新的动力。

### 7.3.1 创新交互设计理念的转变

交互设计在行为、情绪、声音、形状构成的虚拟世界中，创造出超乎想象的操作模式，在虚拟的世界中满足五感的体验，随着科技的不断进步，逐渐将不可能化为可能。因此，交互设计对应的不是狭义上的有形物体，而是无形的软件。“以前我们想到技术，总是在谈人工智能，怎么让机器变得更聪明，让他们像人一样思考，具有深刻的感受力。我认为这是一个错误的方向。未来我们应该做的是，怎么利用技术让人变得更聪明，更强大，更独立。”——MIT媒体实验室。在交互设计最根本发展宗旨中就应该时时刻刻抓住人性的需求面，这一点无论是过去的交互设计还是未来的交互设计，都是最基本的核心理念。

未来的交互设计研究内容涉及学科之多，已经远远超出传统意义上的跨学科范畴。如电影与网络技术结合，发展了对交互式电影的研究，使人们可以根据喜好看到不同的电影结局；如网络与社会学结合，产生了对社会化媒体的研究成果，已经成为现代人们日常生活不可缺少的社交场所；电子工程与认知心理学结合，产生了认知学习玩具，使自闭症儿童有了与正常社会交流沟通的媒介，同传统学科相比，这些新学科的交叉范围更加广泛，更具探索性，同时蕴涵着巨大的商业空间。

随着工业现代化和自动化水平不断提升和快速发展，高科技已经成为当今世界的主导力量，大量的自动化机器越来越多地走进生活在大多情况下，自动化机器可以让生活变得更加高效，将一项实验领域的技术迅速投入生产的商业化过程也变得越来越容易，只要有创意，有市场。技术和量产之间的距离变得非常近。然而一个不争的事实是，目前大多数产品无法与人们进行交流或者真正合理交流，部分缺乏人性化交流设计的产品甚至会对生活产生干扰。这就对设计提出了更高的要求，如何使新的思路和创意充分发挥出技术的优势，又独特地巧妙地解决用户的需求，往往是能否功的关键。

原研哉曾在他的《设计中的设计》中写道："生活本身，就是设计的起源地；而设计，归根结底就是人们对生活的发言。"

交互式产品设计满足用户需求，而需求来源于现代人的生活，生活模式的期望构筑了交互设计的目标。用户期望产品通过良好的互动，不需要解释就可以彰显其易用的功能；用户期望产品的材质忠实地表达产品的内涵；形式不只是追随功能，甚至能够超越功能，在信息设计中，形式还能够追随数据，通过有趣的交互设计，达到用户与产品的情感化交流；将复杂的机器隐藏在优美的界面后面，通过符合用户心理特征和使用行为的交互方式，让使用交互产品的族群成为受人推崇的酷设计拥有者，而不是被看作异类的科学怪人；通过日趋复杂高级的技术，支持并不简单的用户研究和交互设计，创造简单人性的交互产品，让用户体验更加自然、和谐、功能与美观恰到好处的交互过程。

随着嵌入计算机技术的发展，一些传统的产品也正经历智能化转化，这种转化使得产品成为智能终端，同时也意味着交互设计在产品设计开发中的重要价值在不断提升，交互技术及交互模式的创新设计成为产品创新中不可避免的一步工作。

### 7.3.2 创新交互设计原则

随着技术的发展和用户对新工具的使用，交互设计几乎每天都在发展变化。但无论是哪个时代，交互的本质都是参与。这一点是不会变的，唯一不同的是用户参与时采取的方法。交互设计样式随着HTML5、CSS、Javascript、jQuery等技术的支持而逐渐演变。过去的网站常常被大量内部链接或图片集限定——虽然如今依旧流行，但今天的我们需要用更聪明、更具创造力的方式去处理网站的交互设计。无论采用什么样的技术，5个核心交互设计原则在未来交互设计的发展中都应该被继承。

1. 目标驱动设计（Goal-driven Design）。注重用户角色、用户场景剧本及用户体验地图，以保证每一处交互细节都能让用户离欲完成的目标更近；

2. 可用性（Usability）。网站功能在达到趣味性之前，应先符合用户直觉、易信赖。只为用户提供真正需要的内容，并努力减少所有的细节冲突及认知负担；

3. 功能可见性和符号（Affordances & Signifiers）。由于视觉是最主要的感官，形式必须反射功能；

4. 易学性（Learnability）。与网站已有设计及内部资源相一致的界面会更有预见性，这意味用户的学习成本很低。易学易懂的界面自然更具可用性，因为这样的界面认知成本就少了很多；

5. 反馈与响应时间（Feedback & Response Time）。界面必须以人性的角度迅速做出响应，如此才会有像真实的对话一样逼真的体验。交互设计就应该像人与人之间的对话，而不是机器对用户所言所行的简单反应。

无论是过去，现在，还是未来，这5个原则，始终决定着交互设计的演变趋势以及未来的发展方向。尽管我们无法预见下一个大事件，但我们可以持续敏锐地观察周遭、掌握哪些正在销售的设备和工具、了解用户喜欢以哪种方式获得数字信息等，为下一个大事件的来临做好准备。

### 7.3.3 创新交互设计方法

交互式产品设计方法是以交互设计方法为核心思想来架构的。根据目前研究的成果总结，可以应用在产品交互中的创新设计方法主要分为三种：以人为本的设计方法、以事为主的设计方法以及系统设计方法。

以人为本的设计方法，简单地说就是：只有用户才知道自己想要的是什么样的产品或者服务。设计师必须充分了解人的需求，去发现用户的需求爱好，然后根据用户的真正需求开始针对性的设计。因为设计师的身份不是用户，他不能主观臆想设计方法，他们设计是为了帮助用户更快实现目标。以人为本的设计过程中的关键要素在于对设计目标的确定，设计师要定义具体的任务规划，并始终坚持以用户需求为出发点。在具体的案例设计中应该让用户参与设计，让用户的建议和意见贯穿整个设计始终。设计师通过用户访谈、细节观察等手段来挖掘用户的真正需求。

以事为主的设计方法并不关注用户的需求和爱好，它针对的是用户要做的“事”本身，或是把“活动”作为侧重点。活动可以简单地理解为：为了完成活动意图的一系列决策和行为。与以人为本的设计方法不同的是，以事为主的设计方法要求设计师去观察用户的行为过程，研究用户活动，把“人”与“技术”以及“事”综合起来进行考虑，不单纯考虑其中的某一方面，然后提出解决方案。

系统设计是一种相对理论性的设计方法。它把设计对象放到一个系统中考虑，而非孤立的个体。系统设计从整体出发，把每个组成部分都当成是组成系统的要素，通过整合设计，将所有的要素置于一个大的外部环境中加以考虑，从而建立起了各个要素之间的相互联系。系统设计是保证产品实现功能的最有效办法。

以人性化、人机一体化为基本目标的交互设计将会成为未来产品设计的黄金法则，并更广泛地应用于产品设计，也将把工业产品设计带入一个新境界。设计师不但要跟上科学技术的步伐，做到能够预测未来，还要用人文来引领科技，实现创造未来，创造真正有利于人类持续发展的价值。生活有开始和结束，产品有开和关，让人们把更多的交互封装到漂亮的形体里面，让更多的产品具有“灵性”和“生命力”。万物互联的时代正朝我们走来，智能化设备将随处可见，各种内置传感器可以记下我们和实体产品的每一次交流，大数据已不再是网络世界的专有名词，各种实体产品也将不再只是物理部件的简单组合，人与人造物的互动将更加丰富多彩。在这样一个可以想象的未来，对实体产品新的交互方式的研究将极具价值，并且利用计算机技术进行交互设计的研究也将能够迁移到实体产品领域上来。在物质高度发达的今天，对人精神层面的关注将成为未来交互设计发展的关键：从理性转向感性，从品质转向体验，从产品转向服务，最终实现人性的全面解放。

虽然人性化科技发展驱动着交互产品的设计研发，但仍然脱离不开服务于人需求这一最终目标。而对人需求及体验的设计才是交互产品设计的本质内容。中国先哲说，“以身体之，以心验之”，身和心的体验才是真正的体验，也是衡量未来产品设计创新的重要指标。因此对新技术及新科技的应用是手段，无论科技发展到何种程度，人性化依然是产品设计根本原则。交互技术的不断进步给人们提供了全新的走向未来社会的视角，它引导消费者从物境到情境、再到意境，产生感悟，即人的情感体验过程，才能让更多的产品趋于完美，趋于人性化，最终实现产品、科技与人文完美融合。在未来，个性、完美体验的需求会基于不断革新的技术持续为交互及产品设计带来创新机遇。

# 参考文献


[1] 刘永翔．产品设计实用基础［M］．北京：化学工业出版社，2003.
[2] 李世国．和谐视野中的产品交互设计［J］．包装工程，2009，30（1）：137.
[3] NORMAN Donald A.设计心理学［M］．梅琼，译．北京：中信出版社，2003.
[4] 马荟．连接未来的人机交互［J］．互联网周刊，2010（7）：66-69.
[5] NORMAN Donald A. 未来产品的设计［M］．刘松涛，译．北京：电子工业出版社，2009.
[6] NORMAN Donald A. 情感化设计［M］．付秋芳，译．北京：电子工业出版社，2005.
[7] 李世国．体验与挑战：产品交互设计［M］．南京：江苏美术出版社，2008.
[8] 罗仕鉴，朱上上．用户体验与产品创新设［M］．北京：机械工业出版社，2010.
[9] 许懋琦．基于交互设计的情感化产品设计［J］．美与时代，2009（11）：62.
[10] 张志华，范雪梅，黄莉华．解析工业设计人本理念的实现［J］．包装工程，2007（09）.
[11] 韩庆祥，张洪春．以人为本——从物到人［M］．南京：江苏人民出版社，2006.
[12] 阮宝湘，邵祥华．工业设计与人机工程［M］．北京：机械工业出版社，2005．3
[13] 黄凌玉，王增．产品体验设计的方法研究［J］．包装工程，2013（06）.
[14] 李世国等．产品设计的新模式交互设计［J］．包装工程，2007（04）.
[15] 付学佳．论现代生活中的交互式设计．［J］现代商贸工业，2010（03）.
[16] 刘伟．走进交互设计［M］．北京：中国建筑工业出版社，2013.
[17] 杨君顺，武艳芳，苟晓瑜．体验设计在产品设计中的应用［J］．包装工程，2004，25（3）：85-86.
[18] 李启光．产品设计中感性因素和理性因素的研究［D］．长沙：湖南大学，2003.
[19] 桑瑞娟．工业产品体验设计方法研究［D］．南京：南京理工大学，2006.
[20] 吴涛．创造突破性产品——论产品设计中造型与技术的统一［J］．化工装备技术，2008（12）.
[21] Preece Jennifer, Rogers Yvonne, Sharp Helen. Interaction Design. Beyond Human-computer Interaction［M］.John Wiley ＆Sons Inc, 2009.
[22] 唐纳德·诺曼．设计心理学［M］．梅琼，译．北京：中信出版社，2003.
[23] Cooper Alan. 交互设计之路——让高科技回归人性［M］．DING Chris, 等译．北京：电子工业出版社，2014.
[24] 唐纳德·诺曼．情感化设计［M］．付秋芳，等，译．北京：电子工业出版社，2005.
[25] Benyon David, Turner Phil, Turner Susan. Designing Inter-active Systems. Pearson Education Limited, 2013.
[26] Ulrich Karl T. 产品设计与开发［M］．詹涵菁，译．北京：高等教育出版社，2005.
[27] 熊兴福，朱文卫．现代包装设计新理念——体验设计［M］．北京：机械工业出版社，2006.
[28] Cagan Jonathan. 创造突破性产品——从产品策略到项目定案的创新［M］．北京：机械工业出版社，2006.
[29] 陈健．智能家电产品的交互设计研究［D］．济南：齐鲁工业大学，2015.
[30] 陈晶，肖丽萍．产品中交互设计的用户体验研究综述［J］．设计，2014,（06）：13-14.
[31] 方健．交互设计在产品中的应用拓展研究［D］．北京：中央美术学院，2013.
[32] 于歌．产品设计中的交互设计研究［D］．长春：吉林大学，2012.
[33] 赵震，吴晨，刘超．交互设计的行为分析在产品设计中的应用研究［J］．包装工程，2012,（06）：73-77.
[34] 王冬．现代生活产品中产品的人机交互设计［D］．无锡：江南大学，2007.
[35] 李世国，华梅立，贾锐．产品设计的新模式——交互设计［J］．包装工程，2007,（04）：90-92+95.
[36] 吕文奎．IT产品设计中的交互设计研究［D］．重庆：重庆大学，2007.

# 后 记

时代在发展，对于设计行业来说，充满了无限的机会和挑战，就如交互设计的出现，改变了我们对于传统产品的定义和认知。

在我们看来，未来的产品设计趋势一定是以用户需求为目标而进行的设计，提升用户与产品或服务交互中的可用性、可触达性、情感性等因素，最终达到市场认可、用户满意的目的。同样，优秀的产品设计师，应该不仅专注于创造可用的产品，更应该关注用户真正的需求。

在本教材中，我们提出设计的驱动力——产品设计与交互设计二者有机结合，正如我们看到交互设计在我们日常生活的运用已经非常普遍，甚至在这个信息过剩的时代，我们已经离不开交互设计在产品中的运用，交互设计的运用让我们能够快速并且准确地获取信息，在使用产品时减少了很多不必要的麻烦，提升效率。

撰写此书，也是想通过专业课程教材的方式，让学生们在接受高校设计教育时，能够对新的设计概念有一个理论基础支撑，在设计学习生涯里，能够从传统的产品设计思维跳脱出来，顺应时代的变化，将交互设计与产品思维链接起来，设计真正有意义、有价值的产品。

对于高校设计教育，把握最新的设计发展动向，让学生接收和学习最新的设计观点和设计思维，也是笔者编著此书的初衷，希望通过此教材，让学生们对于产品设计与交互设计有更多的了解和兴趣，同时也为同仁教师们在教学过程中提供理论基础和实践案例的参考。

我们深知，交互设计在未来产品设计中是不可避开的话题，随着交互设计与日常生活联系越来越紧密，我们共同期待产品设计与交互设计碰撞出新的火花。

最后，本书观点仅代表编者，出版此书与大家共同探讨和交流产品设计与交互设计的相关观点，祝愿大家在设计之路共同成长、进步！